彩图 1　湖羊

彩图 2　杜泊羊

彩图 3　南江黄羊

彩图 4　马头山羊（公）

彩图 5　成都麻羊

彩图 6　济宁青山羊

彩图 7　宜昌白山羊

彩图 8　关中奶山羊

彩图 9　崂山奶山羊

彩图 10　努比亚山羊

彩图 11　波尔山羊

彩图 12　萨能奶山羊

彩图 13　母羊发情鉴定

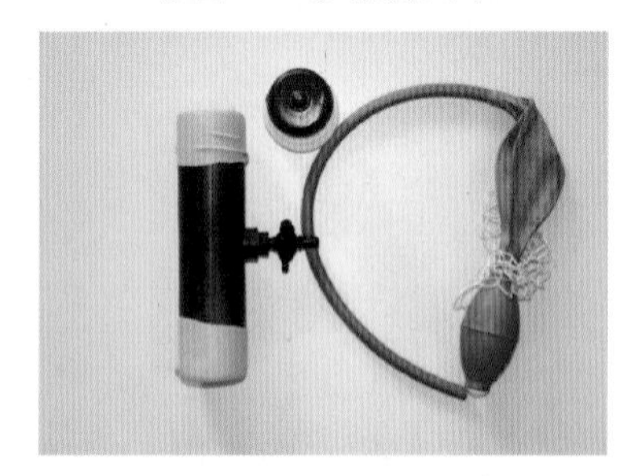

彩图 14　羊用假阴道

彩图 15　假阴道采精（一）

彩图 16　假阴道采精（二）

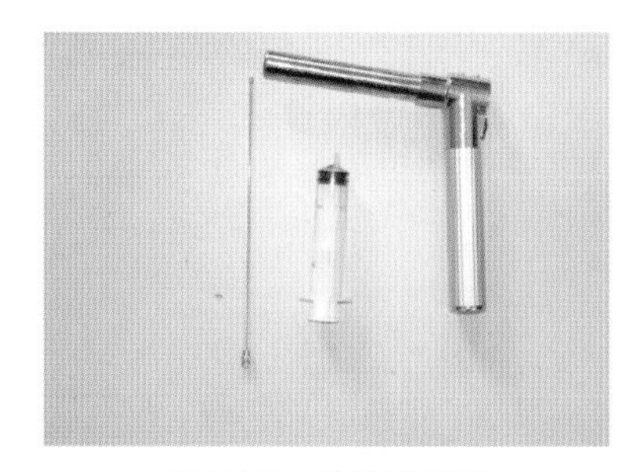

彩图 17　羊输精器具

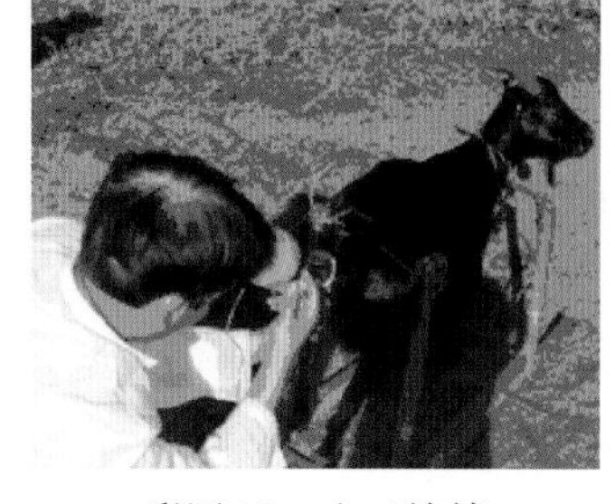

彩图 18　人工输精

彩图 19　伸拉膜打包青贮制作过程

彩图 20　压紧青贮饲料

彩图 21　开窖后的玉米青贮饲料

彩图 22　简易羊舍（一）

彩图 23　简易羊舍（二）

彩图 24　长方形羊舍

彩图 25　建设中的楼式羊舍

彩图 26　楼式羊舍

彩图 27　塑料大棚羊舍

彩图 28　漏缝地板羊圈（一）

彩图 29　漏缝地板羊圈（二）

彩图 30　运动场和围栏

彩图 31　食槽

彩图 32　水槽

专家帮你
提高效益

怎样提高
母羊繁殖效益

主　编　杨菲菲　熊家军
副主编　程春宝　徐为民
参　编　王贵强　陶利文　江喜春

机 械 工 业 出 版 社

本书围绕着怎么提高母羊繁殖效益，结合我国养羊生产条件和优点，首先介绍了羊的繁殖特性，然后从影响羊繁殖效益的主要因素着手，介绍了高繁殖力羊品种的选择、种羊的选种选配、科学繁殖技术、精细化饲养技术及标准化饲养管理措施、建造标准化羊舍及控制羊的繁殖疾病等内容，论述了保证羊群健康、提高羔羊的存活率、挖掘羊的繁殖潜能来提高羊群繁殖力的具体方法。同时，本书归纳了在提高母羊繁殖效益的过程中常见的误区并提供了解决办法，设有“提示”“注意”等小栏目，可以帮助读者更好地掌握技术要点。

本书可供广大养羊专业技术人员和养羊专业户使用，也可供畜牧兽医工作者和羊场管理人员及农林院校相关专业的师生使用。

图书在版编目（CIP）数据

怎样提高母羊繁殖效益/杨菲菲，熊家军主编. —北京：机械工业出版社，2021.3（2022.1 重印）
（专家帮你提高效益）
ISBN 978-7-111-67466-5

Ⅰ.①怎…　Ⅱ.①杨…②熊…　Ⅲ.①母羊－家畜繁殖　Ⅳ.①S826.3

中国版本图书馆 CIP 数据核字（2021）第 020734 号

机械工业出版社（北京市百万庄大街 22 号　邮政编码 100037）
策划编辑：周晓伟　高　伟　责任编辑：周晓伟　高　伟　刘　源
责任校对：赵　燕　　　　　责任印制：张　博
保定市中画美凯印刷有限公司印刷
2022 年 1 月第 1 版第 2 次印刷
145mm×210mm · 5.5 印张 · 2 插页 · 180 千字
1901—3800 册
标准书号：ISBN 978-7-111-67466-5
定价：29.80 元

电话服务　　　　　　　　　网络服务
客服电话：010-88361066　　机　工　官　网：www.cmpbook.com
　　　　　010-88379833　　机　工　官　博：weibo.com/cmp1952
　　　　　010-68326294　　金　书　网：www.golden-book.com
封底无防伪标均为盗版　　机工教育服务网：www.cmpedu.com

前言 PREFACE

我国养羊业历史悠久，养羊数量和羊产品（肉、奶、皮、绒、毛等）产量均居世界前列。养羊业的发展不仅满足了人们对羊产品的消费需求，而且为农牧民增收、提高就业率、加大秸秆利用、带动相关产业发展等做出了贡献。

在畜牧生产中，各关键环节的贡献率：良种为40%，饲料为20%，繁殖与行为为15%，疾病防控为10%，环境与设备为10%，其他为5%。由此可见，良种和繁殖对提高羊生产效率是十分重要的。而在实际生产过程中，羊的繁殖效益不高始终是困扰养羊户扩大生产和取得更好的经济效益的因素。

我国绵羊、山羊品种资源丰富，分布广泛，地方品种遍布全国，这些品种均能较好地适应当地的自然环境，具有耐粗饲、抗逆性和抗病力强等特点，在推动当地养羊业发展中发挥了重要作用。但我国的专门化羊品种相对比较缺乏，如我国的绵羊品种多为毛用或毛肉兼用型，而繁殖力高、生长快、胴体品质好、经济效益优的优良品种除了从国外引进的外，国内能够广泛推广的良种羊还比较少，对我国羊产业的整体提升作用还十分有限。利用我国高繁殖力羊品种及从国外引进推广的高繁殖力优良品种，整体提高我国养羊水平是目前养羊业发展的当务之急。因此，编者在查阅大量国内外养羊科学文献的基础上，结合自身多年科学研究与生产实践经验，编写了本书。

本书重点围绕影响羊繁殖力的因素，从羊的品种、营养与饲料、饲养管理、标准化房舍建设及羊繁殖疾病的控制等方面，结合我国养羊生产条件和特点，阐述了提高羊群整体繁殖力的方法，同时，对我国养羊户在实际生产中常见的误区进行了归纳和总结，并给予了相关建议和解决办法。

本书遵循内容系统、语言通俗、注重实用的原则，汇集了国内外现代养羊业的新理论、新技术、新方法和新经验，深入浅出地介绍了养羊相关理论与方法，力求做到使广大养羊户读得懂、用得上，同时满足畜牧兽医工作者，特别是养羊专业技术人员的工作所需。

需要特别说明的是，本书所用药物及其使用剂量仅供读者参考，不可照搬。在实际生产中，所用药物学名、常用名与实际商品名称有差异，药物浓度也有所不同，建议读者在使用每一种药物之前，参阅厂家提供的产品说明以确认药物用量、用药方法、用药时间及禁忌等。购买兽药时，执业兽医有责任根据经验和对患病动物的了解决定用药量及选择最佳治疗方案。

在本书编写过程中，参考了一些专家、学者的相关文献资料，因篇幅所限未能一一列出，在此深表歉意，同时表示感谢。

由于编者水平有限，书中难免有不足和疏漏之处，恳请广大读者和同行批评指正。

编　者

目 录 CONTENTS

第一章
熟悉羊的繁殖特性，挖掘羊的繁殖潜能

第一节　羊的生殖器官及其功能

一、公羊的生殖生理

1. 公羊生殖器官的构造与功能

公羊生殖器官主要包括睾丸、附睾、输精管、副性腺、阴茎、阴囊等，其结构见图 1-1。

（1）睾丸　公羊有 1 对睾丸。睾丸是产生精子和分泌雄性激素的腺体。精曲小管和间质细胞是睾丸比较重要的部分。在 250 克的绵羊睾丸中，精曲小管总长达 7000 米。精曲小管是很多弯弯曲曲的微型管道，能产生精原细胞，精原细胞经分裂增殖，发育成精子。精曲小管管腔内还有被称为足细胞的营养细胞，能提供营养物质，供精子生长发育。从精原细胞到精子排出睾丸，绵羊需 49～50 天，每克睾丸组织 1 天可产生 2400 万～2700 万个精子。间质细胞分布在精曲小管之间，能分泌睾酮，有促进第二性征和副性腺发育的功能。

（2）附睾　附睾位于睾丸一侧，分头、体、尾 3 个部分，是长达 35～50 米的盘曲管道，主要功能是使精子进一步发育成熟，获得受精能力，并储存精子；分泌黏稠液体，以利于精子生存。据估计，精子在附睾内的储存量可达 1500 亿个以上。如久不射精，2 个月后精子活力降低，逐渐解体并被吸收。

（3）输精管　输精管是从附睾尾到尿生殖道背侧的细管道，有输送精子的功能。

（4）副性腺　副性腺包括精囊腺、前列腺和尿道球腺，主要功能是分泌黏稠液体，与附睾、输精管的分泌物共同组成精浆部分，约占精液

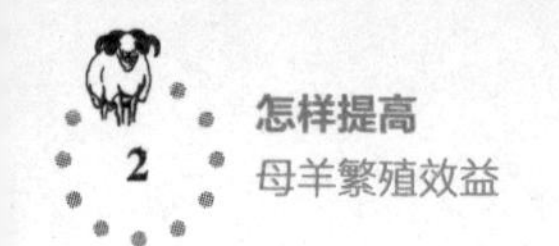

体积的70%。其中，前列腺液有中和尿道酸性和活化精子的功能；尿道球腺液有冲洗尿道，以利于精子通过的功能。

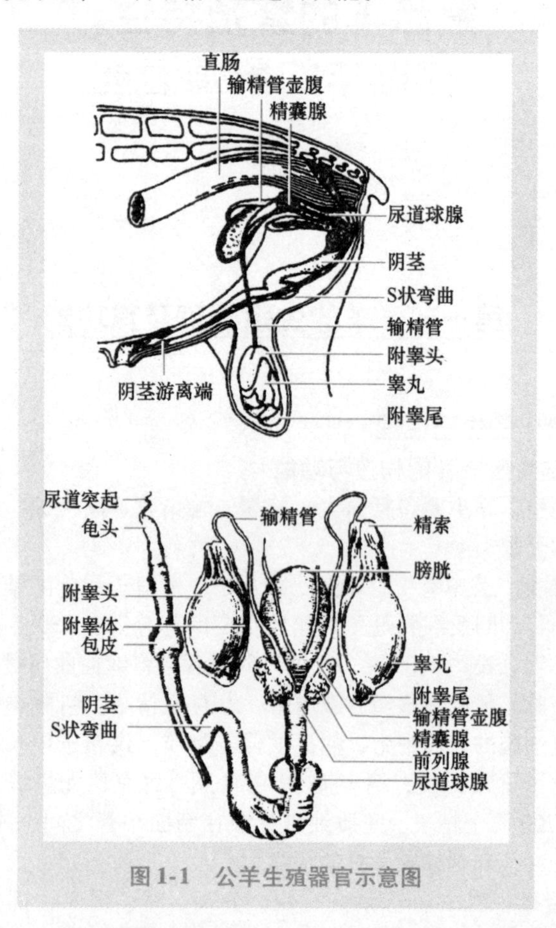

图1-1　公羊生殖器官示意图

（5）阴茎　阴茎是排尿和交配器官，平时隐缩在包皮内，性欲冲动时勃起。羊的阴茎特点是在前端有一个细长管道，称为尿道突起，有向子宫颈口撒布精液的功能。

（6）阴囊　阴囊有保护睾丸、调节温度的作用。

2. 精子的生理特性

（1）精子的形态　精子分头、颈、体、尾4个部分。如果精子在附睾内储存的时间过长，就会发生形态学和生理学方面的变化，以致逐渐衰亡而被吸收。因此，长期不交配的公羊，精液中衰老解体的畸形精子

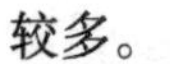

较多。

（2）精子生成条件 精子在睾丸中生成以后，到附睾内成熟，只有在交配时，才从附睾经输精管排出体外。在排出体外以前，精子和副性腺分泌物等液体混合，称为精液精子的生成，该过程主要受垂体前叶的内分泌调节。甲状腺机能旺盛也有促进精子生成的作用，这都是促进精子生成的内在因素。

外在因素中，温度对精子的形成有显著的影响，公羊在夏季不仅性欲衰退，而且精子的生成也受到限制。精子需要在比体温低的条件下生成，阴囊内的温度比直肠温度低3～4℃。当外界气温较高时，阴囊放松，扩大了散热面积；气温过低时，阴囊紧缩，减少散热量，以形成生成精子的良好环境。精子的活力在秋季最好。此时不仅温度适宜，日照时间由长变短，利于生成精子。另外，营养条件对精子的数量和活力很重要，应注意供给公羊足够的蛋白质、维生素和矿物质。

（3）精子的生理特性 每毫升正常精液中，精子数可达200亿个。正常精液色白而黏稠，pH为6.5～6.9，呈弱酸性。精子有逆流前进、独立运动的能力。精子越成熟，运动能力也越强。正常精子在母羊生殖道内的运动速度一般为126～400毫米/分钟。

精子的活力和运动能力，受温度、光照、渗透压、酸碱度和各种化学因素的影响。在一定范围内，提高温度和加强光照都能增强精子活力，但精子存活时间变短。低温可以减弱精子活力，并延长其寿命，甚至冷冻可以让精子保持“休眠”的状态。精子对渗透压、酸碱度非常敏感，超过耐受限度，精子会很快死亡。各种消毒药品，如来苏儿（甲酚皂溶液）、酒精（乙醇溶液）等，对精子都是有害无利的。

二、母羊的生殖生理

1. 母羊生殖器官的构造与功能

母羊生殖器官包括卵巢、输卵管、子宫、阴道及外阴部等，如图1-2所示。

（1）卵巢 母羊有1对卵圆形的卵巢，悬在腹腔悬韧带上，是母羊的主要生殖腺。其功能是产生卵子，分泌雌激素，以影响其他生殖器官的变化及乳腺的发育。

（2）输卵管 输卵管是一条细长屈曲的管道，位于子宫和卵巢之间，一端和子宫角相接，没有明显的界线，另一端为6～10厘米^{2}的漏斗，在接近卵巢表面处开口。其功能是接收卵巢排出的卵子，并向子宫

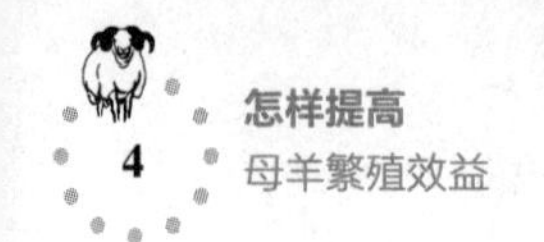

角方向运送。近卵巢端连接漏斗的上1/3部分称为输卵管壶腹部，是受精的部位。

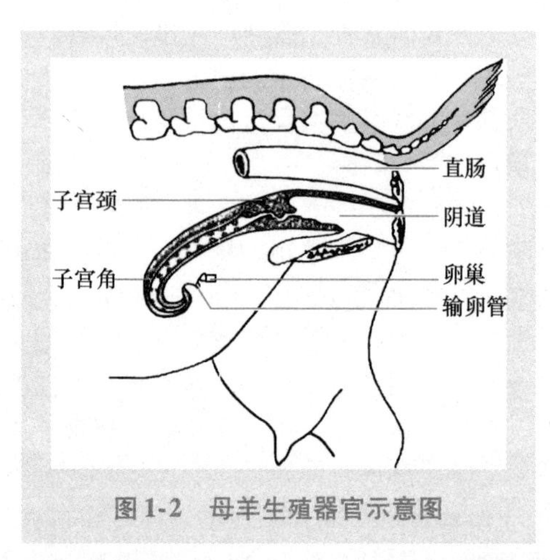

图1-2 母羊生殖器官示意图

（3）子宫 母羊为双角对分子宫，包括子宫角、子宫体及子宫颈3个部分。子宫角分左角和右角，前端较细，后端逐渐合并成子宫体，最后部分是子宫颈。子宫是胎儿着床、发育的部位，分布有大量的血管、神经。妊娠期中，子宫膨大，以利于胎儿的生长发育。

（4）阴道 阴道是宽阔的管道，配种时为交配器官，分娩时为胎儿的产道。

（5）外阴部 外阴部是生殖器官的最后部分，包括尿生殖前庭、阴蒂和阴唇。

2. 母羊的繁殖规律

（1）排卵的生理过程 卵子是在卵巢内发育成熟的。母羊达到性成熟以后，丘脑下部释放促性腺激素，促使垂体前叶分泌促卵泡素，促进卵巢内卵泡发育并分泌雌激素。雌激素在血液中达到一定浓度时，反作用于丘脑下部及垂体前叶，调节促性腺激素的分泌，即抑制促卵泡素的分泌，加强促黄体素分泌。在促卵泡素和促黄体素共同作用下，卵泡成熟破裂，排出卵子。卵子及卵泡液落入输卵管漏斗内，称为排卵。

排空的卵泡腔内，先是充满血液，称为红体，然后在促黄体素的作用下，形成黄体。若排出的卵子受胎，黄体会加速发育，并在整个妊娠期内保持活动，称为妊娠黄体。若排出的卵子没受胎，则黄体发育较弱，并在短期内退化消失。

母羊卵巢上没有固定的排卵窝，卵子在哪个部位成熟就在哪个部位排出，属于自发性排卵。卵子能由一侧卵巢排出，也能由两侧卵巢交替排出。可能由一个卵巢排出几个卵子，也可能双卵巢同时排出几个卵子。卵子排出以后，在12～24小时内有受精能力。

（2）母羊的发情 在促卵泡素和少量促黄体素的作用下，卵泡发育并产生雌激素，引起母羊生殖道发生增生性变化。阴道黏膜及外阴部充血肿胀，流出黏液，为交配做好准备，是发情的外部表现。在子宫内部，子宫颈口松弛，子宫黏膜增殖肥厚，腺体增生，分泌加强，自发性收缩运动旺盛。这些变化有利于精子的运动前进，也为受精卵的着床提供了有利条件。这些生理上的变化，构成了母羊的发情征候。雌激素作用于中枢神经，使母羊产生性欲和性兴奋，喜欢接近公羊，个别母羊会表现食欲不振，跟随放牧人员等。排卵以后，卵泡停止分泌雌激素，黄体分泌的黄体酮（孕酮）反作用于中枢神经，抑制母羊的性欲和性兴奋，母羊发情征候消失，进入休情期。

母羊发情持续期，绵羊平均为24～36小时，山羊平均为40小时。发情持续期的长短在不同品种、年龄之间略有差别，处女羊发情不明显，持续时间也短，成年母羊较长；在一个配种季节内，初期和末期的发情持续期较短，中期的发情持续期较长。发情持续期过长往往是病态，如多卵泡发育导致促卵泡素大量分泌，这种情况下，卵泡多不成熟，或成熟不排卵。母羊多在产后46～72天才发情，但在寒冷地区，母羊多在羔羊离乳以后才发情。不论母羊发情期长短，排卵多在发情后期，平均为发情开始后30小时左右。

（3）发情周期 卵巢内卵泡及黄体的交替存在，调节母羊发情周期的循环。排卵母羊卵巢的排卵部位生成黄体，垂体分泌的促黄体素和促乳素协同促进和维持黄体产生黄体酮，抑制促卵泡素的分泌，母羊表现为休情。没有受胎的母羊，在排卵以后2～3天内黄体机能旺盛，6～8天时黄体达到最大体积。12～14天时，子宫产生的前列腺素 F_{2a}，使黄体很快退化，血液中黄体酮浓度降低。垂体前叶分泌促卵泡素的机能开始增强，卵巢内的卵泡又相继发育成熟，母羊重新进入发情期和排卵过程。母羊发情周期主要受上述内因（神经系统及激素）调节，外因（温度、光线、营养等）要通过内因才能起到调节作用。

母羊的发情周期平均为16～17天。壮年母羊和营养好的母羊，发情周期较短，未成年、老龄及营养差的母羊，发情周期较长。在配种季节的初期及后期，母羊发情周期较长，中期发情周期较短且排卵正常。

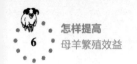

在实际生产中，往往发现有些母羊发情周期过长，几乎达正常周期的2~4倍。原因可能是漏情，如内部排卵，但外部没有发情表现或发情征状轻微，试情不细等；也可能是病态、乏情、胎儿早期死亡而被吸收，以及早期流产等。

（4）妊娠期 受精过程是大量精子包围卵子后，分泌一种蛋白分解酶，溶解卵子最外层的放射性细胞膜，接着一部分精子钻进透明带，最后仅一个精子进入原生质内，与卵子细胞核结合。受精的卵子称为受精卵。受精卵在输卵管内开始细胞分裂，并经输卵管下部到达子宫，经11~14天游离状态，再附植在子宫黏膜上，然后发育成长为胎儿。

从配种受胎到产羔的全过程称为妊娠期。受精部位在输卵管的上段（约1/3部分），卵子到达输卵管下段时受精能力极弱，到达子宫角的卵子已不能受精。

母羊妊娠以后，卵巢内形成妊娠黄体，产生黄体酮。黄体酮抑制促卵泡素的分泌，使子宫黏膜增殖肥厚，血管增生，肌层肥大，分泌子宫乳，以保证胚胎发育。在妊娠后期，胎盘也能产生黄体酮。整个妊娠期内，血液中黄体酮保持稳定的浓度。

胎儿在母体子宫内生长发育，以胎衣与母体子宫相连。胎衣像衣服一样，由3层胎膜组成，把胎儿包在里面。内层称为羊膜，胎儿躺在羊膜中的羊水里，既能让胎儿自由自在地生长和活动，又能缓和母体肠道的压力及外界刺激，使胎儿和母体安全有保证。最外层称为绒毛膜，上面分布有大量血管，小血管汇集成中血管，许多中血管又汇集成大血管，与胎儿脐带相通。胎儿靠这里流动的血液获取营养物质，维持生长发育。但胎儿血管和母体血管并不直接对流，而是靠胎盘的作用把养分和氧气带进来。胎盘分胎儿胎盘和母体胎盘，前者分布在绒毛膜上，后者分布在子宫内膜上。母体胎盘包着胎儿胎盘，像子母扣似的一小堆一小堆地分布在子宫内，相互紧贴在一起，结构比较牢固，好处是不易流产，坏处是在分娩后容易发生胎衣不下。中间层称为尿膜，似囊状。

母羊的妊娠期平均为5个月，早熟品种短一些，晚熟品种较长；精心饲养下的育成品种妊娠期较短，否则较长；同品种内，营养好的比差的略短，双胎比单胎略短；老龄母羊比壮年母羊略长。这说明妊娠期在品种间有差异，也受营养的影响。

（5）繁殖年限 幼年时期，母羊的卵巢及性器官尚在发育阶段，没

有繁殖机能。另外，母羊性成熟比体成熟早，即已经有卵子发育成熟并排卵，表现出发情征候，但由于体躯特别是骨盆发育不足，仍不能配种，应等到体躯发育达到一定程度才可配种。母羊到了配种年龄，还应考虑体重条件，即初配时的体重应达到本品种成年母羊平均体重的70%以上。在同一地区，早熟品种的适配年龄要比晚熟品种早，山羊适配年龄比绵羊早。品种相同时，在饲养条件较好、气候等自然条件较好的地区，适配年龄较早。非种羊或肉用羊应尽可能提早配种。目前，我国有些地区正在试验通过创造良好的饲养管理条件，力争在早龄配种，以缩短世代间隔，加快羊群的周转。实际上大尾寒羊和小尾寒羊（以下简称“寒羊”）多在1~1.5岁配种，蒙古羊在1.5岁配种，山羊在1~1.5岁时多已经产羔。1年配种1次或2次，还是2年配种2次，和地区的饲养环境有关。如寒羊在河北邯郸、邢台地区，因气候和饲养条件较好，就安排2年3产，有的可以1年2产。在张家口、承德地区，蒙古羊只能安排1年1产。山羊的地区性不明显，在承德地区的无角山羊可以2年3产，而武安山羊多为1年1产。

母羊的繁殖年限，各地和各品种也不相同，从经济效益来考虑，一般是在3~5岁时繁殖力较强。所以，除非是特别优秀的个体或是珍贵品种，使用年限可以尽量延长到7~8岁。否则，应在该品种母羊繁殖机能开始减退的年龄，就逐渐淘汰，特别是对肉用品种、早熟品种及1年多产的母羊。缩短繁殖年限，是提高母羊繁殖力的措施之一。

第二节　正确理解羊的繁殖力

一、母羊繁殖成绩的计算方法

1. 配种率

配种率是指本年度发情配种母羊数占全部适合繁殖母羊数的百分率，主要反映的是羊群内适繁母羊发情配种的情况。其计算公式为

$$配种率=\frac{配种母羊数}{适繁母羊数}\times100\%$$

2. 受胎率

受胎率是指妊娠母羊数占配种母羊数的百分率。在受胎率统计中受胎率又分为总受胎率、情期受胎率和不返情率。

（1）总受胎率　总受胎率是指本年度末受胎母羊数占本年度内参加

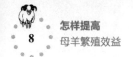

配种母羊数的百分率，主要反映羊群质量和全年配种技术水平的高低。其计算公式为

$$总受胎率 = \frac{本年度末受胎母羊数}{本年度内参加配种母羊数} \times 100\%$$

（2）情期受胎率 情期受胎率是指某一时段怀孕母羊数占配种情期数的百分率。它能及时反映羊群质量和配种水平，能较快地发现羊群的繁殖问题。就同一群体而言，情期受胎率总是要低于总受胎率。其计算公式为

$$情期受胎率 = \frac{怀孕母羊数}{配种情期数} \times 100\%$$

情期受胎率又分为第一情期受胎率和总情期受胎率。

① 第一情期受胎率。第一情期配种的受胎母羊数占第一情期配种母羊数的百分率。其计算公式为

$$第一情期受胎率 = \frac{第一情期配种的受胎母羊数}{第一情期配种母羊数} \times 100\%$$

② 总情期受胎率。配种后最终怀孕母羊数占总配种母羊情期数（包括历次复配情期数）的百分率。其计算公式为

$$总情期受胎率 = \frac{最终怀孕母羊数}{总配种母羊情期数} \times 100\%$$

（3）不返情率 不返情率是指在配种后一定的时间内再未发情母羊数占本期内参加配种母羊数的百分率。不返情率分为30天、60天、90天和120天不返情率。30～60天的不返情率一般大于实际受胎率的7%左右。随着配种时间的延长，不返情率逐渐接近于实际受胎率。其计算公式为

$$X天不返情率 = \frac{配种后X天再未发情母羊数}{配种母羊数} \times 100\%$$

3. 分娩率

分娩率是指本年度分娩母羊数占怀孕母羊数的百分率。其大小反映母羊怀孕质量的高低和保胎效果。其计算公式为

$$分娩率 = \frac{分娩母羊数}{怀孕母羊数} \times 100\%$$

4. 产羔率

产羔率是指母羊产出羔羊数（包括死胎）占分娩母羊数的百分率。其计算公式为

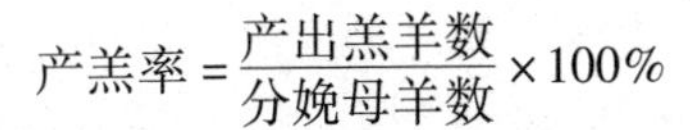

$$产羔率=\frac{产出羔羊数}{分娩母羊数}\times 100\%$$

5. 羔羊成活率

羔羊成活率是指本年度内断奶成活羔羊数占本年度产出活羔羊数的百分率，主要反映羔羊的培育情况。其计算公式为

$$羔羊成活率=\frac{成活羔羊数}{产出活羔羊数}\times 100\%$$

二、羊的正常繁殖力指标

在饲养环境条件较好的地方，如河南、山东、四川等地，羊的产羔率通常在200%~300%，达到1年2产或者2年3产，但在西藏、内蒙古等地，受气候环境等因素影响，产羔率多为70%左右，且为1年1产。

三、影响羊群繁殖力的因素

影响羊繁殖力的因素很多，有遗传、环境、营养、繁殖技术和繁殖管理等很多方面。

1. 遗传因素

羊的繁殖年限为5~8年。绵羊或山羊因为品种的不同，其繁殖力也存在较大的差异。受遗传因素的影响，母羊的繁殖力在不同品种之间，以及同一品种的不同个体间存在较大的差异。例如：在绵羊中，小尾寒羊的繁殖率比较高，可达到270%或更高，2年3产或接近1年2产，且遗传性能比较稳定，其杂交后代仍可保持多胎性能。在山羊中，黄淮山羊、南江黄羊、马头山羊繁殖率较高，可达300%左右，可2年3产或接近1年2产。另外，公羊的精液品质也对母羊繁殖力有着很大的间接影响，精液品质会影响母羊的受胎率及受精后胚胎的质量等。

2. 环境因素

光照和温度会对羊的繁殖力产生重要的影响。在夏季气温较高时，种公羊睾丸及附睾温度可能会超过其温度可调节的范围，因此，生精能力和精液品质都会明显下降。在夏季高温和冬季严寒的天气条件下，母羊一般发情较少；而在春、秋两季，母羊发情较为集中。有些绵羊品种则只在日照时间逐渐变短、气温下降的秋季和初冬季节发情，在光照逐渐增强的春季则较少发情。

3. 营养因素

营养是影响母羊繁殖力的一项重要因素，提供给母羊的营养是否充足、全面、均衡，会直接影响母羊的发情、配种、受胎及羊羔的成活率。羊的营养状况较易受到饲料条件的影响，对繁殖力影响最大的是能量和蛋白质，其次是矿物质和维生素。对于羔羊，长期的能量供给不足，会影响羔羊的生长发育，初情期、性成熟延迟，有效繁殖年限缩短。而对于青年母羊，会导致其安静发情，不易进行发情鉴定；成年母羊会出现发情不规律，排卵数减少，错过最佳的配种时间。营养水平的高低直接影响母羊的体况和膘情。一般情况下，母羊膘情好，则发情早、排卵多、产羔多；反之则产羔少、繁殖障碍发病率也高。在配种之前，母羊平均体重每增加 1 千克，其排卵率提高 2%～2.5%，产羔率则相应提高 1.5%～2%。

如果饲料中蛋白质缺乏，会导致母羊食欲下降，从而影响能量的摄入，使母羊体重下降，发情期推迟。配种后，受胎率降低，甚至影响妊娠。

在矿物质元素中，对繁殖力影响较大的是磷。对于青年母羊，缺磷会引起卵巢机能障碍，初情期推迟；而对成年母羊，缺磷可造成发情征候不明显，发情周期不规律，甚至导致发情完全停止。另外，维生素缺乏也会影响母羊的繁殖力，比如，维生素 A、维生素 E 跟母羊性激素的产生有关，缺乏维生素 A 会导致母羊排卵数减少，产羔数降低，甚至引起母羊流产，产弱胎、死胎及发生胎衣不下等。

对于种公羊，如果营养状况较差，则会影响其性欲，降低精液品质。同时，种公羊的营养水平还会影响母羊的受胎率、产羔率，以及羔羊的初生重和断奶重。采用全混合日粮饲喂种公羊，母羊的受胎率和产羔率会有明显提高，羔羊的初生重也会明显增加。因此，在生产实践中，应该对种公羊进行精心的饲养管理，以期提高羊群繁殖力。

4. 繁殖技术

正确地判断母羊是否发情及选择适当的配种时间是提高羊群繁殖力的重要因素。另外，在人工授精过程中，精液的采集、处理、保存、输精等技术环节操作不当都会降低精子的受精能力，影响受胎率。

5. 繁殖管理

繁殖管理对羊群繁殖力的影响主要包括配种时机的把握、输精的技术水平、妊娠管理、分娩和助产、产后管理及繁殖障碍防治等方面。这些因素均会对繁殖指标造成影响。

6. 其他因素

羊的年龄、健康状况等也会对羊的繁殖力造成影响。母羊的产羔率通常会随着年龄的增长而提高，一般情况下，壮年母羊的繁殖力较高，产羔数量也比较多，并且初生羔羊的体质也较好。母羊繁殖力最佳的年龄段是3~6岁，在此阶段产双羔和三羔的比例较高。种公羊的繁殖力一般在5~6岁时可达到最高峰。无论是公羊还是母羊，在6~7岁以后繁殖力都开始下降。对于同一品种，个体不同、胎次不同，产羔率也会有所不同。通常情况下，同一个体第1胎产羔率较低，3~4胎产羔率较高。

四、提高羊群繁殖力的措施

1. 加强羊群的选种

选育优秀的种羊是提高羊群繁殖力的前提条件，坚持长期选育可以提高整个羊群的繁殖性能。母羊的繁殖力与遗传有着密切的关系，良好的遗传性能会稳定地遗传给后代。因此，在种羊的留种过程中要注意选留那些产双羔及多羔的种母羊的后代，这样后代产双羔及多羔的概率会明显地增加，从而提高羊群繁殖力。

2. 进行科学的杂交改良和合理引种

选择适应当地环境、繁殖力高、基础数量大的品种作为母本，用优良品种公羊进行杂交改良，既可以提高母羊的繁殖力，又能提高其后代的生产性能。以肉羊生产为例，用高繁殖力的小尾寒羊作为母本，用杜泊羊作为父本，进行杂交繁育，既充分利用了小尾寒羊适应性强、繁殖力高的优势，又提高了杂种羔羊的出生重、生长速度和羔羊成活率。

结合目前以肉羊为主的养羊业发展现状，黄河和长江之间的地区，农产品资源丰富，绵羊中的小尾寒羊最适合当地的发展。可以利用引入品种，如杜泊羊、特克赛尔羊、无角陶塞特羊、东弗里生羊为父本，与小尾寒羊杂交，生产的F_1代，具有早期生长速度快、肉质好等优点，同时也保证了较高的繁殖力。当然，长江以南地区可以选择湖羊，有利于适应当地的气候环境，更好地发挥其生产性能。

3. 科学的饲养管理

营养水平的高低直接影响着羊群的繁殖力。因此，在生产中，不论是公羊还是母羊，都应供给营养丰富、均衡的日粮，使羊保持健康、适中的体况，充分发挥其繁殖潜力。另外，羊床采用漏缝地板，做好羊舍夏季的防暑降温，加强舍内通风换气以保证空气质量，给羊群提供一个舒适的生活环境，羊群的生殖健康水平也会有所提高。

4. 科学的繁殖管理

（1）提高适繁母羊的比例 合理的羊群结构是实现羊群高效生产的必要条件。繁殖母羊在群体中所占的比例大小，对养羊效益影响很大。一般繁殖母羊的比例应占整个羊群的60%~70%，这样可以大大提高羊群的繁殖力。母羊最佳生育状态出现在5岁左右，随后生育能力会随年龄增长而逐渐下降，并且出现一些繁殖障碍，繁殖成活率会大大下降。因此，应该及时淘汰羊群中的老、弱、病、残，补充一些青壮年母羊。

（2）提高母羊的受配率 在生产中，每只母羊的繁殖情况都要有详细的记录，并经常查看。当发现母羊出现发情异常、屡配不孕等情况时，应及时查明原因并对症治疗，若经3个以上情期治疗还没有效果，应将母羊淘汰。同时，还应注意观察母羊的体况、健康，把握好最佳的配种时机，以提高母羊的受配率。

（3）做好妊娠诊断，加强对妊娠母羊的饲养管理 母羊配种结束后一定时间（山羊18~22天，绵羊15~19天），应注意通过试情检查母羊是否返情，50天左右可结合B超进行准确的妊娠诊断。确诊妊娠的母羊要按妊娠母羊的饲养标准精心饲养，妊娠前3个月做好保胎工作，以防母羊流产。同时，注意天气变化，在遇到大风、严寒等极端天气时，及时做好防护措施。要做好母羊的免疫接种工作，防止因各种传染病造成母羊流产。

（4）做好助产、分娩母羊和羔羊的护理 提前做好母羊分娩前的准备，正确进行助产，可以降低分娩过程中母羊和羔羊的死亡率。对于产后母羊，要精心护理，让其饮温水，吃适宜的饲草饲料。对于初生羔羊，要及时清理其口腔和鼻腔中的黏液，哺喂充足的初乳。对于初生重小、体质弱的羔羊，要注意保暖，必要时可进行人工哺乳。

（5）合理进行早期断奶 哺乳会抑制母羊发情。因此，科学合理地对羔羊进行早期断奶，有利于母羊产后发情，从而避免因断奶过晚造成母羊发情延迟而错过配种季节。

（6）完善繁殖记录 每只母羊都应该有完整准确的繁殖记录，耳标应该清晰明了，便于观察。繁殖记录表格应简单实用，方便饲养员能将观察到的情况及时、准确地进行记录，包括羊的发情状况、发情周期的情况、配种情况、妊娠情况、生殖器官的检查情况、父母亲代资料、后代情况、预防接种和药物使用情况，以及分娩、流产的时间和健康状

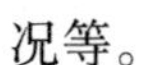

况等。

（7）推广利用繁殖新技术 充分利用一些繁殖新技术，如人工授精、同期发情、超数排卵和胚胎移植等，可以大大缩短母羊的繁殖周期和产羔间隔时间，提高产羔频率和受胎率，增加每胎产羔数，充分发挥优良母羊的繁殖潜力。

第二章
认识优良的羊品种，提高母羊的品质

第一节　地方绵羊品种

一、小尾寒羊

小尾寒羊主要分布在山东南部、河南东北部、河北南部、安徽、江苏等地。

1. 外貌特征

小尾寒羊体质结实，身躯高大，四肢较长，蹄质结实，耳大下垂。公羊头大颈粗，有螺旋状角；母羊头小颈长，大都有角，极少数无角。体躯长，背腰平直，前后躯发育匀称。被毛为白色，极少数在头部及四肢有黑褐色斑块。

2. 生产性能

小尾寒羊可每年剪毛2次，公羊每次平均剪毛量为3.5千克，母羊为2.1千克，被毛为异质毛，净毛率平均为63.0%。根据被毛纤维类型组成可分为细毛型、裘皮型和粗毛型，裘皮品质好。小尾寒羊生长发育快，3月龄公、母羔羊平均体重分别可达20.8千克和17.2千克；成年公、母羊平均体重分别可达94.1千克和48.7千克。小尾寒羊产肉性能高，6月龄羔羊屠宰率为49.32%。小尾寒羊性成熟早，母羊5~6月龄初次发情，公羊7~8月龄即可配种。母羊发情多集中在春、秋两季，1胎可产2羔，甚至3羔、4羔，最高时1胎可产7羔，产羔率为270%左右。

二、大尾寒羊

大尾寒羊主要分布在河北、山东和河南部分地区。

1. 外貌特征

大尾寒羊头略显长，鼻梁隆起，耳大下垂。产于山东、河北的公、母羊均无角，产于河南的公、母羊均有角。四肢粗壮，体质结实，被毛大部分为白色，杂色斑点较少。

2. 生产性能

大尾寒羊具有一定的产毛能力，1 年剪毛 2~3 次，被毛同质或基本同质，净毛率为 45.0%~63.0%。成年公羊平均体重为 72.0 千克，成年母羊平均体重可达 52.0 千克；公羊脂尾重 15.0~20.0 千克，个别可达 35.0 千克；母羊脂尾重 4.0~6.0 千克，个别可达 10.0 千克。

大尾寒羊早期生长速度快，具有屠宰率高、净肉率高、尾脂多等特点，特别是肉质鲜嫩味美，羔羊肉深受欢迎。此外，大尾寒羊还具有较好的裘皮品质，所产羔皮和二毛皮品质好，毛股洁白、弯曲适中。

大尾寒羊性成熟早，公羊 6~8 月龄、母羊 5~7 月龄性成熟；可长年发情配种，1 年 2 产或 2 年 3 产，产羔率为 185%~205%。

三、湖羊

湖羊（彩图 1）主产于浙江、江苏的环太湖地区，集中在浙江的吴兴、嘉兴和江苏的吴江等地，是我国特有的羔皮羊品种。

1. 外貌特征

湖羊头狭长，鼻梁隆起，眼大突出，耳大下垂（部分地区有小耳和无耳个体）。公、母羊均无角。颈细长，胸狭窄，背平直，四肢纤细，尾尖上翘，乳房发育良好，被毛为白色。

2. 生产性能

1~2 日龄湖羊羔羊经屠宰后所剥取的羔皮被称为“小湖羊皮”，皮板轻薄，毛色洁白如丝，花纹扑而不散，可经加工染成不同颜色，享誉国际市场。成年羊被毛可分绵羊型、沙毛型和中毛型，可用于织制粗呢和地毯。

湖羊生长发育快，在较好的饲养管理条件下，6 月龄羔羊平均体重可达到成年羊平均体重的 87.0%；成年公羊平均体重为 76.3 千克，成年母羊平均体重为 48.9 千克，成年羊屠宰率为 40.0%~50.0%，肉质细嫩鲜美。湖羊性成熟早，母羊 4~5 月龄发情，6 月龄配种；成年母羊长年发情配种。除初产母羊外，一般每胎均在双羔以上，个别可达 8 羔，产羔率为 229%。

第二节　引进绵羊品种

一、东弗里生羊

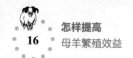

东弗里生羊原产于荷兰和德国，是目前世界绵羊品种中产奶性能最好的。东弗里生羊对温带气候条件有良好的适应性。

1. 外貌特征

东弗里生羊体格大，体形结构良好。公、母羊均无角，头较长，被毛为白色，偶有纯黑色个体出现。体躯宽长，腰部结实，肋骨拱圆，臀部略有倾斜，尾瘦长无毛。乳头大，乳房发育良好。

2. 生产性能

成年公羊平均体重为90~120千克，成年母羊平均体重为70~90千克。成年公羊剪毛量为5~6千克，成年母羊剪毛量在4.5千克以上。成年公羊毛长20厘米，成年母羊毛长16~20厘米。被毛同质，细度为46~56支，净毛率为60%~70%。成年母羊260~300天产奶量为500~810千克，乳脂率为6%~6.5%。产羔率为200%~230%。

二、杜泊羊

杜泊羊（彩图2）原产于南非，是用英国的有角陶赛特公羊和当地的波斯黑头母羊杂交育成，是世界著名的肉用绵羊品种。

1. 外貌特征

杜泊羊按头颈的颜色可分为白头杜泊和黑头杜泊2种。无论是黑头杜泊还是白头杜泊，除了头部颜色和有关的色素沉着不同，它们都携带相同的基因，具有相同的品种特点，采用同一个杜泊羊品种标准。杜泊羊体躯和四肢皆为白色，头顶部平直、长度适中，额宽，鼻梁微隆，无角或有小角根，耳小而平直，既不短也不过宽。颈粗短，肩宽厚，背平直，肋骨拱圆，前胸丰满，后躯肌肉发达。四肢强健而长度适中，肢势端正。整个身体犹如一架高大的马车。杜泊羊分长毛型和短毛型2个品系。长毛型羊生产地毯毛，较适应寒冷的气候条件；短毛型羊被毛较短（由发毛或绒毛组成），能较好地抗炎热和雨淋。在饲料蛋白质充足的情况下，杜泊羊不用剪毛，因为它的毛可以自然脱落。

2. 生产性能

杜泊羔羊生长迅速，断奶体重大，这一点是肉用绵羊生产的重要经济特性。3.5～4月龄的杜泊羊平均体重可达36千克，屠宰胴体重约为16千克。成年公羊和成年母羊的平均体重分别在120千克和85千克左右。杜泊羊高产，繁殖期长，不受季节限制。在饲料条件和管理条件较好的情况下，母羊可达到1年2产，一般产羔率能达到150%，最高可达180%。

第三节　地方山羊品种

一、黄淮山羊

黄淮山羊又称槐山羊、安徽山羊、徐淮白山羊，原产于黄淮平原的广大地区，主要分布在河南、安徽、江苏等地。

1. 外貌特征

黄淮山羊躯体高，体躯长，体质结实，结构匀称，骨骼较细，头长清秀，鼻梁平直，面部微凹，眼大，下颌有髯，分有角和无角2种类型。67%左右的羊有角：有角者，公羊角粗大，母羊角细小，向上向后伸展呈镰刀状；无角者，仅有0.5～1.5厘米的角基。被毛为白色，毛短有丝光，绒毛很少。

2. 生产性能

7～10月龄的黄淮山羊羯羊，宰前活重平均为21.9千克，胴体重平均为10.9千克，屠宰率平均为49.77%；7～10月龄的母羊宰前活重平均为16.0千克，胴体重平均为7.5千克，屠宰率平均为46.87%。成年公羊体重为33.9千克，成年母羊体重为25.7千克。黄淮山羊皮板呈蜡黄色，细致柔软，油润光亮，弹性好，是优良的制革原料。黄淮山羊对不同生态环境有较强的适应性，性成熟早，繁殖力强。黄淮山羊初情期为123.42天，发情周期为19.87天，发情持续期为39.56小时，妊娠期为151.84天。公羊4月龄性成熟，5～6月龄体成熟，利用年限为4～5年。母羊4～5月龄性成熟，5～6个月体成熟。母羊长年可发情，以春季（3～5月）及秋季（8～10月）发情最为旺盛。平均产羔率为239%，繁殖母羊可利用年限为7～8年。

二、南江黄羊

南江黄羊（彩图3）主产于四川省南江县，以北极种畜场、圆顶子牧场和附近的“三区、十三乡”为中心产区。该品种经30多年的选育，于1995年10月通过原农业部现场审定，并被专家认定为“目前国内肉用性能最好的山羊新品种”。

1. 外貌特征

公、母羊大多数有角，少数无角母羊较有角个体颜面清秀。头较大，耳长大，部分羊耳微下垂，颈较粗，体格高大，背腰平直，后躯丰满，体躯近似圆桶形，四肢粗壮。被毛呈黄褐色，毛短紧贴皮肤，富有光泽，被毛内层有少量绒毛。公羊颜面毛色较黑，前胸、颈肩、腹部及大腿毛深黑而长。

2. 生产性能

成年公羊平均体高为74.7厘米，平均体重为59.3千克；成年母羊平均体高为66.6厘米，平均体重为44.7千克。初生公羔平均体重为2.3千克，初生母羔平均体重为2.1千克；双月断奶公羔平均体重为11.5千克，双月断奶母羔平均体重为10.7千克；哺乳期公羔日增重154克，哺乳期母羔日增重143克。产肉性能好，6月龄公羔宰前活重为19.0千克，6月龄羯羔宰前活重为21.0千克以上。南江黄羊肉细嫩多汁，膻味轻，口感好。皮板品质良好，板质结实，张幅大，厚薄均匀。母羊长年发情并可配种受孕，8月龄可初配，可1年2产或2年3产，双羔率在70%以上，多羔率为13.5%，经产母羊产羔率为207.8%。

三、马头山羊

马头山羊（彩图4）原产于湖北西北部山区和湖南部分地区，现已分布到陕西、河南、四川等省，是我国南方山区优良的肉用山羊品种之一。

1. 外貌特征

公、母羊均无角，头大小适中，两耳向前略下垂，颌下有髯。公羊颈短粗，母羊颈细长。体质结实，前胸发达，体躯呈长方形，背腰平直，后躯发育良好。被毛以白色为主，其次为黑色、麻色及杂色，毛短粗。

2. 生产性能

马头山羊肉用性能好，成年公羊平均体重为43.8千克，成年母羊平均体重为33.7千克，成年羯羊平均体重为47.4千克；周岁羯羊平均体重为34.7千克。成年羊屠宰率平均为62.0%。早期育肥效果好，可生产肥羔，肉质鲜嫩，膻味小。皮板品质良好，张幅大，平均面积为8190厘米^2。所产粗毛洁白、均匀，可制作毛管、毛刷。母羊繁殖性能高，性成熟早，可1年2产，初产母羊多产单羔，经产母羊多产双羔。产羔率为

192%~200%，母羊有3~4个月的泌乳期。

四、成都麻羊

成都麻羊（彩图5）原产于四川成都平原及四周的丘陵和低山地区，现已分布于全国大部分地区，与当地山羊杂交，改良效果好。

1. 外貌特征

成都麻羊被毛呈棕红色，犹如赤铜，因此又名四川铜羊。单根毛纤维上、中、下段颜色分别为黑、棕红、灰黑色，又称麻羊。公、母羊大多有角，有须。沿颈、肩、背、腰至尾根，肩胛两侧至前臂各有1条黑色毛带，形成“十”字架形结构。公羊前躯发达，体态雄健，体形呈长方形，母羊背腰平直，后躯深广。

2. 生产性能

成年公羊平均体重为43.0千克，成年母羊平均体重为32.6千克。初生公羔平均体重为1.8千克，2月龄平均体重为10.0千克；初生母羔平均体重为1.8千克，2月龄平均体重达10.1千克。成都麻羊生长快，夏、秋季抓膘能力强，周岁羯羊宰前活重为26.3千克，成年羯羊宰前活重为42.8千克，屠宰率分别为49.8%和54.3%。皮板品质良好，致密，弹性良好，质地柔软，耐磨损。周岁羯羊皮板面积在5000厘米^{2}以上，成年羊皮板面积为6500~7000厘米^2。母羊长年发情，可1年2产，产羔率平均为210.0%。母羊有5个月的泌乳期，产奶量为150~200千克。

五、长江三角洲白山羊

长江三角洲白山羊主要分布在江苏的南通、苏州、扬州，上海郊区和浙江的嘉兴、杭州等地，是我国生产笔料毛的山羊品种。

1. 外貌特征

长江三角洲白山羊体格中等偏小，头呈三角形，公、母羊均有角，角大多向后上方倾斜呈八字形，公、母羊颌下有髯，前躯窄，后躯丰满，背腰平直，被毛短而直，光泽好，羊毛洁白，弹性好。

2. 生产性能

长江三角洲白山羊羊毛挺直有峰，是制作毛笔的优质原料。成年公羊平均体重为28.6千克，成年母羊平均体重为18.4千克，羯羊平均体重为16.7千克；初生公羔平均体重为1.2千克，初生母羔平均体重为1.1千克。羯羊肉质肥嫩，膻味小。所产皮板品质好，皮质致密、柔韧、富有光泽。母羊性成熟早，6~7月龄可初配，经产母羊多集中在春、秋两季发情。2 年 3 产，初产母羊每胎 1～2 羔，经产母羊每胎 2～3 羔，最多可达 6 羔，产羔率为 228.6%。

六、济宁青山羊

济宁青山羊（彩图 6）产于山东菏泽、济宁地区，是我国独特的羔皮用山羊品种。所产羔皮被称为猾子皮。

1. 外貌特征

公、母羊均有角，角向上或者向后生长，有须，有髯，体格小，结构匀称，又叫“狗羊”。被毛由黑、白两种纤维组成，外观呈青色，黑色纤维在 30% 以下为粉青色，30%～40% 者为正青色，50% 以上为铁青色。全身有“四青一黑”特征，即背部、唇、角、蹄为青色，两前膝为黑色。

2. 生产性能

济宁青山羊以生产各类猾子皮著称，3 日龄羔羊被毛短，紧密适中，所得皮板品质最佳。成年公羊年产毛量为 230～330 克，成年母羊年产毛量为 150～250 克；公羊年抓绒量为 50～150 克，母羊年抓绒量为 25～50 克。成年羯羊宰前活重为 20.1 千克，屠宰率为 56.7%。繁殖力高是该品种的重要特征，母羊 1 岁前即可产第 1 胎，初产母羊产羔率为 163.1%，一生产羔率平均为 293.7%，最多 1 胎可产 6～7 羔。1 年 2 产，或 2 年 3 产。

七、宜昌白山羊

宜昌白山羊（彩图 7）主要分布于湖北西部的宜昌、恩施及与其毗邻的湖南、重庆等地。

1. 外貌特征

宜昌白山羊头大小适中，耳中等大，颌下有髯，少数公羊颈下有肉垂，公、母羊均有角，背腰平直，颈细长，后躯丰满，十字部高。被毛为白色，公羊毛长，母羊毛短，有的母羊背部和四肢上端有少量的长毛。

2. 生产性能

成年公羊平均体重为 35.7 千克，成年母羊平均体重为 27.0 千克。皮板呈杏黄色，厚薄均匀，致密，弹性好，油性足，具有坚韧、柔软等特点。周岁羊屠宰率为 47.41%，2～3 岁羊屠宰率为 56.39%。肉质细嫩，味鲜美。母羊性成熟早，4～5 月龄性成熟，1 年 2 产者占 29.4%，2 年3 产者占 70.6%，1 胎产羔率为 172.7%。

八、关中奶山羊

关中奶山羊（彩图8）主要分布在陕西关中地区，其中以富平、临潼、三原等地数量最多。

1. 外貌特征

公羊头大颈粗，胸部宽深，腹部紧凑；母羊颈长，胸宽，背腰平直，乳用特征明显。被毛粗短，白色，皮肤粉红，有的羊有角，有髯。

2. 生产性能

成年公羊平均体重为78.6千克，成年母羊平均体重为44.7千克。第1胎平均产奶量为305.7千克，泌乳期为242.4天；第2胎平均产奶量为379.3千克，泌乳期为244.0天；第3胎平均产奶量为419.2千克，泌乳期为253.9天。第1胎以第3个泌乳月产奶量最高，第2、3胎则以第2个泌乳月产奶量最高。母羊4~5月龄性成熟，7~8月龄可初配，产羔率为178.0%。

九、崂山奶山羊

崂山奶山羊（彩图9）是我国培育成功的优良奶山羊品种，分布在山东青岛及烟台地区。

1. 外貌特征

崂山奶山羊体质结实，结构匀称，公、母羊大多无角，胸部较深，背腰平直，耳大而不下垂，母羊后躯及乳房发育良好，被毛为白色。

2. 生产性能

成年公羊平均体重为75.5千克，成年母羊平均体重为47.7千克。第1胎平均产奶量为557.0千克，第2、3胎平均产奶量为870.0千克，泌乳期一般为8~10个月，乳脂率为4.0%。成年母羊屠宰率为41.6%，6月龄公羔屠宰率为43.4%。母羊5月龄性成熟，7~8月龄平均体重在30.0千克以上时可初配。产羔率为180.0%。

第四节　引进山羊品种

一、努比亚山羊

努比亚山羊（彩图10）又名纽宾羊，原产于非洲东北部的埃及、埃塞俄比亚等地。我国引进该品种后主要饲养于四川简阳。简阳大耳羊实际上是本地山羊和努比亚山羊杂交育成的新品种。

1. 外貌特征

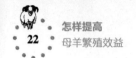

努比亚山羊头较短小，鼻梁隆起，耳宽、长且下垂，颈长、腿长，体躯较短，公、母羊均无角无须。毛色较杂，有暗红色、棕红色、黑色、灰色、乳白色及各种斑块杂色。

2. 生产性能

努比亚山羊体形较小，成年公羊平均体重为60~75千克，成年母羊平均体重为40~50千克。泌乳期为5~6个月，盛产期日产奶量为2~3千克，高的可达4千克以上，乳脂率较高，为4%~7%。美国饲养的安格鲁努比亚山羊体躯较高大，日平均产奶量为8.6千克，乳脂率为4.6%。努比亚山羊性格温驯，耐热性较强，对寒冷潮湿环境适应性较差。繁殖力较高，1年2产，每胎2~3羔。

二、波尔山羊

波尔山羊（彩图11）原产于南非，后被引入德国、新西兰、澳大利亚等国，是目前世界上著名的肉用山羊品种。我国于1995年和1997年先后从德国、南非、澳大利亚等地引入该品种。波尔山羊体质结实，适应性强，善于长距离采食，适宜于灌木林及山区放牧，适应热带、亚热带及温带气候环境饲养。抗逆性强，抗寄生虫感染能力较强。与地方山羊品种杂交，能显著提高后代的生长速度及产肉性能。

1. 外貌特征

波尔山羊体躯被毛为白色，短毛或中等长毛，在头颈部为大块红棕色，但不超过肩部。鼻梁部为白色毛带。公、母羊均有粗大的角，耳宽、长且下垂，鼻梁微隆。体格大，四肢较短，发育良好。体躯长而宽深，胸部发达，肋骨开张，背腰宽平，腿臀部丰满，具有良好的肉用体形。

2. 生产性能

波尔山羊产肉性能和胴体品质均较好。南非的波尔山羊，羔羊初生重平均为4.2千克，成年公羊平均体重为80~100千克，成年母羊平均体重为60~75千克；澳大利亚波尔山羊成年公羊平均体重为105~135千克，成年母羊平均体重为90~100千克。100日龄断奶体重：南非波尔山羊公羔平均为32.3千克，母羔平均为27.8千克；澳大利亚波尔山羊公羔平均为25.6千克，母羔平均为24.6千克，日增重200克以上。8~10月龄屠宰率为48%，周岁至成年期间的屠宰率可达50%~60%，前肢骨肉比为1:7。波尔山羊肉质细嫩，风味良好。母羊性成熟早，8月龄即可配种产羔，可全年发情，但以秋季发情为主。在自然放牧条件下，

50%以上母羊产双羔，5%～15%产3羔。产奶量高，每天约产奶2.5千克。

三、萨能奶山羊

萨能奶山羊（彩图12）原产于瑞士，是世界上优秀的奶山羊品种之一，也是奶山羊的代表品种。现有的奶山羊品种几乎半数以上都不同程度地含有萨能奶山羊的血缘。

1. 外貌特征

该羊具有典型的乳用家畜体形特征，后躯发达。被毛为白色，偶有毛尖呈浅黄色。有四长的外形特点，即头长、颈长、躯干长、四肢长。公、母羊均有须，大多无角。

2. 生产性能

成年公羊平均体重为75～100千克，最高120千克；成年母羊平均体重为50～65千克，最高90千克。母羊泌乳性能良好，泌乳期为8～10个月，产奶量为600～1200千克。条件不同其产奶量差异较大，最高个体产奶记录为3430千克。产羔率一般为170%～180%，高者可达220%。

第三章
加强种羊选种选配，提高种羊繁殖能力

第一节　加强种羊选种选配的主要途径

一、羊的选种技术

1. 选种的概念

选种又叫选择，就是按照既定的目标，通过一系列的方法，从羊群中选择出优良个体作为种用。其实质就是限制和禁止品质较差的个体繁衍后代，使优秀个体得到更多繁殖机会，扩大优良基因在群体中的比率。否则，不加选择或选择不当，羊群品质将会很快退化。

2. 选种的方法

选种方法主要包括个体选择、家系选择、家系内选择和合并选择。这些方法的选种依据和适用条件各不相同。针对一个群体进行选种时，采用不同的选种方法，留种的个体可能是不一致的，究竟应该采用哪种方法，需要考虑所选性状的遗传力、家系含量的大小及家系内不同个体的表型相关性，从而保证取得最大的选择效果。

(1) 个体选择　个体选择也称“大群选择”，是一种古老且较普遍易行的常用选种方法，主要根据个体表型值进行选择，即在一个羊群中，只看个体本身鉴定的结果而不考虑亲属成绩如何，选留表型值高的。个体选择最适合用于选择遗传力高的性状，并不适合用于选择遗传力低的性状。对于个体本身不表现的限性性状或无法测定表型值的性状，不论性状遗传力的高低，都不能采用个体选择的方法。

(2) 家系选择　家系选择是以羊群中的家系为单位，根据家系的平均表型值进行选择，即在一个群体中，只看家系平均表型值而不考虑个体表型值，选留平均表型值大的。家系选择最适合选择遗传力低和个体

本身不表现或无法测定表型值的性状，在选种方法上可以说是对个体选择不足的弥补，但是对选择遗传力高的性状而言意义不大。

（3）家系内选择 家系内选择是根据个体表型值与家系平均表型值的差异进行选择，即在一个群体的各个家系内，不管家系平均表型值的高低，只按照个体表型值超出家系平均表型值的多少，选留个体表型值大的。家系内选择适合选择遗传力低的性状或家系内环境相关性高的性状。

（4）合并选择 合并选择是将个体的表型值与家系平均表型值综合起来进行选择，即在一个群体中，按照家系平均值超出群体平均表型值及个体表型值超出家系平均表型值的多少，选留个体表型值大且家系平均值高的。个体表型值可以分为家系均值与家系内偏差（即个体表型值与家系均值之差）两部分，个体选择就是对这两部分同等重视；家系选择只考虑家系均值，而不考虑家系内偏差。家系内选择只考虑家系内偏差，而不考虑家系均值。若对这两部分按照不同的情况予以不同重视程度的考虑来进行选种，即为合并选择。

3. 选种的方式

在育种实践中，选择往往是有重点的，而且选择的性状也不能太多，否则会影响各个性状的遗传进展。但是在一个羊的群体中，希望提高和改进的性状往往不止一个，以上所描述的选择方法大都是针对某一性状进行的，可称作单性状选择。所以，在对不止一个性状进行选择提高时，可采用以下方式：

（1）顺序选择法 顺序选择法是对要选的几个性状，一个一个地选，即一个时间段只选择一个性状，先选一个性状，提高后再选另一个性状，然后再选第三个性状，这样逐一进行选择。这种选种方法对于某一个性状来讲，遗传进展较快，但就几个性状总体来看，提高所需要的时间就较长。如果所要选择的几个性状之间存在着负相关，就有可能顾此失彼，提高一个性状的同时可能导致另一性状降低。如果对所要选择的几个性状采取空间上的分别选择，而不是时间上的顺序选择，即在群体中的不同品系内选择不同性状，等到提高后再通过系间杂交等进行综合，则可能缩短选育的时间。

（2）独立淘汰法 独立淘汰法是对同时要选择的几个性状分别规定淘汰标准，凡均能达到所规定的这几个性状标准最低要求以上者留种，只要其中任何一个性状不够标准就淘汰。由于群体中几个性状全面优秀的个体是不多的，因而这种选择方法选留下来的往往是各个性状都表现中等的个体，很容易将一些个别性状优异突出的个体淘汰掉。同时选择的性状越多，中选的个体就越少，选种的遗传进展也就越慢。目前，有些特种经济动物在选种时实行的种用动物选择或综合等级鉴定标准，其实质就属于这种选择方法。独立淘汰法的效果往往高于或不低于顺序选择法，因而除非只选择或固定一个性状，否则一般不采用顺序选择法。

（3）综合指数法 综合指数法是根据所选几个性状的遗传力、经济重要性及性状间的表型相关和遗传相关，将几个性状的表型值进行不同且适当的加权而制定一种指数，以此指数为选种依据，进行留种与淘汰。这种选种方式全面考虑并根据各个性状的经济意义与遗传进展分出主次，给予不同的加权系数并把所选性状包括在一个指数之中，方便了对比与选择。从选种效果来看一般高于或不低于独立淘汰法，但是制定选择指数比较复杂，如果所采用的指数本身不合理，那么其选种效果也不会太好。

【注意】

羊群通过有目的的选择，使选择性状不断获得改良和提高，从而选留优秀个体。选种效果如何、选种目标是否明确、选种依据是否准确可靠等，都要求在选种时注意遗传力和选择差两个基本方面，同时注意世代间隔是否适当。

二、羊的选配方法

1. 选配的概念

选配就是对羊的配对加以人工控制，有明确目的地决定公、母羊的配对，使优秀个体获得等多的交配机会，优良基因得以更好地重新组合，促进羊群品质的改良和提高。通过选种，可以选出比较优秀的种羊，但公、母羊交配所生的后代，不一定全是优良的，往往会有很大的品质差异。这是由于种羊的遗传性不够稳定，或是部分后代没有得到相应的生长发育条件，公、母羊双方的精、卵细胞受精的基因组合不同或缺乏足够合适的亲和力。因此，要想获得理想的后代，在做好选种工作的基础上，还要做好选配工作。

2. 选配的类型

选配可分为表型选配和亲缘选配两种类型。表型选配是以与配公、母羊个体本身的表型特征作为选配的依据，亲缘选配则是根据双方的血

缘关系进行选配。这两类选配都可以分为同质选配和异质选配，其中亲缘选配的同质选配和异质选配指近交和远交。

（1）表型选配 表型选配即品质选配，是以个体本身品质的表型作为选配依据。它可分为同质选配和异质选配。

1）同质选配。同质选配也叫选同交配或同型交配，是指具有同样优良性状和特点的公、母羊之间的交配，使相同特点能够在后代身上得以巩固和继续提高，获得与亲代品质相似的优秀后代。例如，选用体形大的公羊与体形大的母羊配种，使后代得以继承体形大的特性。又如，体大毛长的母羊与体大毛长的公羊相配，以使后代在体格和羊毛长度上得到继承和发展。同质选配的作用主要是使亲本的优良性状稳定地遗传给后代，并得以保持与巩固，这也是“以优配优”的选配原则。

2）异质选配。异质选配也叫选异交配或异型交配，就是选择具有不同优异性状或同一性状但优劣程度不同的公、母羊进行交配。其包含两种情况：一种是选择具有不同优异性状的公、母羊交配，以期将两个优异性状结合在一起，获得兼有双亲不同优点的后代，创造一个新的类型。另一种是选择同一性状但优劣程度不同的公、母羊交配，以公羊的优点纠正或克服与配母羊的缺点或不足。例如，选择体大、毛长、毛密的特级或一级公羊与体小、毛短、毛密的二级母羊相配，使其后代体格增大，羊毛增长，同时毛密特征得到继续巩固提高。又如，用生长发育快、肉用体形好、产肉性能高的肉用型品种公羊，与对当地适应性强、体格小、肉用性能差的土种母羊相配，其后代在体格大小、生长发育速度和肉用性能方面都显著超过母本。在异质选配中，必须使母羊最重要的有益品质借助公羊的优势得以补充和强化，使其缺陷和不足得以纠正和克服，创造新的类型，提高后代的适应性和生活力。这是“公优于母”的选配原则。

（2）亲缘选配 亲缘选配是指具有一定血缘关系的公、母羊之间的交配。按交配双方血缘关系的远近可分近交和远交两种。近交是指亲缘关系近的个体间的交配。凡所生子代的近交系数大于0.78%者，或交配双方到其共同祖先的代数的总和不超过6代者，称为近交，反之则为远交。

近交可增加纯合基因和固定优良性状，减少杂合基因，使亲代的优良性状在后代中得到迅速固定，同时可使隐性有害基因暴露出来。所以，近交一方面使群体分化而选育出性状优良的纯系，另一方面也可导致缺陷或致死性状出现。盲目和过分近亲繁殖会产生一系列不良后果，除生活力下降外，繁殖力、生长发育、生产性能都会降低，表现出近交衰退现象。在养羊业生产中采用亲缘选配方法时，要科学、正确地掌握和应用近交方法。

按照选配的性质，虽然可以分为同质选配和异质选配两种，但要指出的是，在羊的育种实践中同质和异质往往是相对的，并非绝对的。比如对特级公羊与二级母羊的选配来说，按毛长和体大来选择是异质的，但对于羊毛密度性状则又是同质的。所以，实践中并不能把它们截然分开，而应根据改良育种工作的需要，分清主次，结合应用。

【提示】

一般在培育新品种的初期阶段多采用异质选配，以综合或者集中亲本的优良性状；当获得理想型，进入横交固定阶段以后，则多采用亲缘的同质选配，以固定优良性状，纯合基因型，稳定遗传性。在纯种选育中，两种选配方法可交替使用，以求品种质量的不断提高。

三、合理开展羊的杂交

羊的杂交是两个或者两个以上不同的品种或品系间公、母羊的交配。其目的是引进外来优良遗传基因，克服近交衰退，增强后代的生活力，改良生产性能低的原始品种，创建新品种。常用的杂交方法有以下几种：

1. 经济杂交及其利用

经济杂交又叫生产性杂交。在羊生产中广泛应用经济杂交，目的在于生产更多更好的肉、毛、奶等羊产品。这种方法不是为了生产种羊，而是通过不同品种杂交获得第一代杂种，即利用第一代杂种所具有的生活力强、生长发育快、饲料转化率高、产品率高等优势。经济杂交在商品养羊业中被普遍采用，尤其是在羊肉产品的生产方面，可采用两品种杂交的简单经济杂交，以及三品种或四品种杂交的复杂经济杂交等。

【注意】

经济杂交的杂种优势并不总是存在，要通过不同品种杂交组合试验来确定最佳组合。不能认为任何两个品种或三个及以上品种的杂交都会获得满意结果。

2. 导入杂交及其利用

导入杂交又叫引入杂交。当一个品种基本上符合国民经济需要，但还存在某些个别缺点，用纯种繁育不易克服时，或者用纯种繁育难以提高品种质量时，可选用生产方向一致、能纠正原品种不足的优良品种羊进行杂交，其目的是用外来品种改进原品种，并保持原品种的特性及其主要品质。

导入杂交的模式是，用所选择的导入品种的公羊配原品种母羊，所产杂种一代母羊与原品种公羊交配，一代公羊中的优秀者也可配原品种母羊，所得含有1/4导入品种血统的第二代，就可进行横交固定；或者用第二代的公、母羊与原品种继续交配，获得含导入品种血统1/8的杂种个体，再进行横交固定。因此，导入杂交的结果是原品种中导入品种血统的含量一般为1/8～1/4。

【提示】

进行导入杂交时，要求所用导入品种必须与被导入品种是同一生产方向的，要选择经过鉴定的种公羊进行选配，还要为杂种羊创造一定的饲养管理条件。

3. 级进杂交及其利用

级进杂交也称改造杂交。当一个品种生产性能很低，又无特殊经济价值，需要从根本上改造时，可选用另一个优良品种与其进行级进杂交。例如，将粗毛羊改变为专门化肉用羊，级进杂交是比较有效的方法。

级进杂交是用优良品种公羊作为改良品种与被改良品种的母羊杂交，获得的各代杂种母羊每代继续用改良品种的公羊交配，杂交进行4～5代，其杂种后代既具有改良品种羊的优良品质和高生产性能，又具有被改良品种羊的生物学特性。

4. 育成杂交

当原品种不能满足需要时，则利用两个或两个以上的品种进行杂交，最终育成一个新品种，这称为育成杂交。育成杂交分简单育成杂交和复杂育成杂交。用2个羊品种杂交育成新品种的称为简单育成杂交；用2个或3个以上羊品种杂交育成新品种的称为复杂育成杂交。应用育成杂交创造新品种时一般要经历3个阶段，即杂交改良阶段、横交固定阶段和纯繁扩群阶段。

（1）杂交改良阶段 这一阶段的主要任务是选择参与育种的羊品种

和个体，整顿羊群，按质分群，优质优饲，注意发现遗传上优秀的个体，较大规模地开展杂交，以便获得大量的优良杂种个体。在培育新品种的杂交阶段，选择较好的基础母羊，能缩短杂交过程。

（2）横交固定阶段 横交固定阶段也称自群繁育阶段。这一阶段的主要任务是选择理想型杂种公、母羊互交，以固定杂种羊的理想特性。横交初期，后代性状分离比较大，需严格选择。为了尽快固定杂种优良特性，可以采用一定程度的亲缘交配或同质选配。

（3）纯繁扩群阶段 又称发展提高阶段、扩群提高阶段，这一阶段的主要任务是通过选育手段建立品种整体结构，增加数量，提高品质，扩大分布区，使其获得广泛的适应性。

世界上育成的很多羊品种，多半是通过育成杂交培育成的。我国也采用育成杂交的方法培育出了如新疆细毛羊、青海半细毛羊等新品种和新品种群。

【小知识】

育成杂交的基本出发点，就是要把参与杂交的品种的优良特性集中在杂种后代身上，克服缺点，从而创造出新品种。

第二节 种羊选种选配的误区

在选种选配时，很多养羊户认为种羊肯定是体形越大越好，这样的种羊繁殖出来的羔羊生长速度才会快，因此花费不菲的代价引进体形大的种羊。但在实际养羊过程中，体形大的种羊为养羊户创造的效益并不一定高，甚至有时还远不如本地羊表现优秀，这是养羊户容易进入的一个误区。下面给大家介绍一下体形大的种羊为什么不一定好，以及养羊时应该选择什么样的种羊。

一、种羊选择的误区

1. 忽视良种羊在生产中的重要作用

（1）误区 我国绵羊、山羊品种资源分布广泛，国内羊品种多数具有较好的适应性，耐粗饲，抗逆性、抗病力强等特点，但专门化优良品种相对比较缺乏，除了从国外引进外，国内能够广泛推广的良种羊还比较少，如除了经过多年选育而成的南江黄羊、黄淮山羊为优良肉用山羊良种资源外，其他大部分为普通山羊，普遍存在生长速度慢、产肉性能

差、繁殖率和饲料转化率低等缺陷，严重制约了我国肉羊产业的发展。虽然通过引入国外优良品种，开展杂交改良地方品种，选育与培育出了生产力高的绵羊、山羊品种，但我国绵羊、山羊良种化程度依然有待提高。如小尾寒羊除繁殖性能特点突出外，其肉用性能并不突出，而且有些养殖场单纯强调地方品种适应性强，往往阻碍了外来良种的进入和推广。

（2）解决办法

1）正确认识良种羊及其在羊生产中的作用。在畜牧生产中，分析畜牧生产各关键环节对整个生产过程的贡献率，其中良种的贡献率高达40%。由此可见，良种对提高羊生产效率是十分重要的。良种羊不仅要有好的生产性能，也要适应我国饲养地的气候特点和市场需求。良种羊的生产性能、气候适应性和市场需求三者都要兼顾，只追求高产而忽视气候适应性和市场需求是不行的，只追求适应性而不注意高产性能也不行。品种是获得高产高效的基础，只有选择优良品种，才能获得较好效益。

2）加强良种引进，提高良种率。充分利用国外良种羊的优良特点，来提高我国羊的生产性能。

2. 引进优良品种时只引不选，地方资源选育不充分

（1）误区 国外有些羊品种具有良好的生产性能，所以我国先后从国外引进了一批优良肉用绵羊、山羊品种进行繁育推广。但是我国本地羊品种改良需求大，而引入品种数量有限，这种供需矛盾的存在伴随着羊“炒种”问题的发生，并在一定程度上阻碍了羊产业发展。以波尔山羊为例，我国不少地区引进波尔山羊种羊之后，并未真正用于改良本地山羊，而是被周转于企业或养殖场，很少进入生产环节。一些种羊场在波尔山羊繁育过程中不经科学选育，只重数量不重质量的全部作为种用，甚至和杂种羊不加以区分，导致杂种羊遗传性能不稳定，用于改良本地羊的杂交优势不明显，后代生产性能下降，从而很大程度上延缓了绵羊、山羊改良的步伐。加之现有的一些优秀地方品种，由于“只繁不育”，也逐步失去其竞争优势，导致我国养羊业的总体生产水平和产品质量受到很大影响。

（2）解决办法

1）建立健全相关法律法规。为了加强对种用畜禽的管理，我国已先后出台了种用畜禽管理及从国外引进畜禽品种的相关法律法规。从羊育种的实际出发，从良种的选育、种质的鉴定、种羊场的管理，到良种扩繁及推广应用、品种资源保护等，形成了比较完善的法律法规体系，使得我国羊良种的选育和推广工作步入有法可依的轨道。

2）完善羊良种选育选种标准。一是制定不同品种的选育选种标准。种羊选育和管理技术含量较高，从生产管理到技术人员都需要严格准入标准，控制好羊养殖的源头，严格按照选育标准进行选择和淘汰。二是加强羊良种监督和检测体系建设。对育种企业或种羊场出售的种羊严格按照标准进行监督和检测，达到标准的才能进入种羊市场，杜绝以杂种冒充纯种、质量低劣代替优良的现象发生。

3）加强良种繁育体系建设。一方面要注重地方品种资源的改良、选育、扩繁与推广工作，逐步形成以原种场为核心，以扩繁场、改良站和检测中心为技术支撑，以商品场为主体的三级羊良种繁育结构体系，不仅要注重原种场、扩繁场、商品场等数量优化，更注重发展羊良种"育、繁、推"一体化经营。另一方面要进一步提高我国羊育种的科技水平，鼓励大型育种企业和科研院校合作，对优良品种资源的遗传特性和开发利用展开深入的研究，不断增加我国羊育种的科技含量，实现羊"自主育种为主，引种为辅"的现实路径。

3. 优良品种与种羊概念不清

（1）误区 生产中存在优良品种与种羊概念不清的情况，有人认为只要是优良品种，都可以当作种羊，将一些比较优秀的品种中的每一个个体都当作繁殖用种羊进行销售和使用，结果影响到羊的生产性能和经济效益。

（2）解决办法 一般来说，优良品种中个体间的差异是很大的，需要不断选优去劣，选择最优秀的个体作为种羊。通常是将从优良品种的后备种羊群中精选出来的特级、一级个体作为种羊，一般从以下 3 个方面进行选择：第一，从初生重和生长各阶段增重快、体形好、发情早的羔羊中选择；第二，从优良的公、母羊交配后代中的全窝都发育良好的羔羊中选择，母羔应为第二胎以上的经产多羔羔羊；第三，要看后备种羊所产后代的生产性能，是不是将父、母代的优良性状传给了后代，凡是优良性状遗传力差的个体都不能选留。后备母羊的数量，一般要达到需要量的 3～5 倍，后备公羊的数量也要多于需要量。因此，一般是从优良品种中选留其中少数优秀个体，而不是所有优良品种群体都可以作为种羊。

二、种羊杂种利用的误区

1. 对杂交概念不清而胡乱杂交

（1）误区 养羊生产中，通过不同品种杂交，利用杂种优势可以获得较好的生产性能和最大的产出率，但不是任意两个品种交配就能获得杂种优势。杂交是否有优势，能在多大程度上获得好的生产性能和产出率，主要取决于杂交用的亲本群体的遗传性能及其相互配合情况和饲养管理条件等。在生产中，有些人随意进行不同品种或种群间的杂交，其结果往往不理想。另外，如果没有良好的饲养管理条件，杂交后的杂种优势也难以表现。生产中有人用貌似纯种的杂种公羊配良种母羊，造成种羊质量下降或品种优势丧失的情况也经常出现。

（2）解决办法

1）正确理解杂交概念。杂交是两个或者两个以上不同品种或品系间公、母羊的交配，是引进外来优良遗传基因的唯一方法，是克服近交衰退的主要技术手段，其产生的杂种优势是生产更多更好羊产品的重要途径。杂交还能将多品种的优良特性结合在一起，创造出原来亲本所不具备的新特性，增强后代的生活力。我国在培育大多数羊品种的过程中都曾广泛使用了杂交方法。

2）杂交前对杂交亲本进行配合力测定。配合力测定是指不同品种和品系间配合效果的测定。一个品种（品系）在某一组合中表现得不理想，而在另一组合中的表现可能比较理想。因此，不是任意两个品种（或品系）的杂交都能获得杂种优势。在开展经济杂交前，必须进行杂交用品种的配合力测定，找出适合本地区的优秀杂交组合，并在测定的基础上建立和健全杂交体系，使杂交用品种各自的优点在杂交后代身上很好地结合。不同性状表现出的杂种优势强度是不同的，品种之间遗传差异越大，其后代表现出的杂种优势越大。通过配合力测定再进行经济杂交，一般羔羊的成活率可提高40%，产羔率可提高20%～30%，增重率可提高20%，产毛量可提高33%左右。

2. 对杂交方法不熟悉且使用不当

（1）误区 不同杂交方法有不同的目的和用途，也会产生不同的效果。生产中存在不熟悉杂交方法而将杂交随意用于育种或商品羊生产的现象。如果在商品肉羊生产中大量使用级进杂交技术，不仅会延长生产周期，而且随着杂交代数的增加，后代可能出现体格变小、体质下降等现象。因此，一味追求杂交代数只能增加商品肉羊的养殖成本，降低

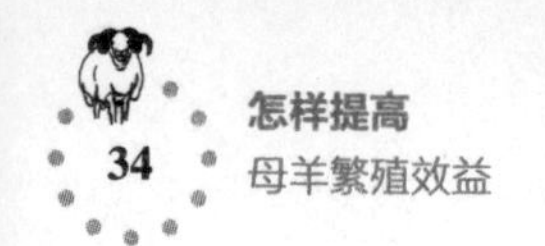

收益。

（2）解决办法 杂交方法多种多样，按照杂交目的的不同可分为经济杂交、引入杂交、改良杂交和育成杂交等，一定要熟悉杂交方法，然后根据目的和需要科学利用。常用的杂交方法详见本章第一节相关内容。

3. 不注意杂交亲本的选择

（1）误区 杂交繁育体系中亲本的选择是十分重要的，如父、母本品种的选择及个体选择直接关系到杂交的效果。在父本中，生长育肥性状要比繁殖性状重要得多；而在母本中正好相反。总之，一个好的杂交繁育体系，应能够充分利用母本品种繁殖性能的遗传优势和父本品种生长育肥性能与胴体性能的遗传优势的互补性。同时，杂交体系中父本、母本的个体选择和选配也至关重要。但生产中，有的养殖户不注意杂交亲本品种的选择，或不注意杂交亲本的个体选择和选配，从而影响杂交利用的效率。

（2）解决办法

1）选择理想的杂交父、母本品种。杂交用父、母本必须根据杂交组合试验结果予以选择，主要考察生产性能、适应性和资源可利用性三个方面。生产性能方面，父本应选择产肉性能、产毛性能和饲料转化率高的品种；同时，还要考虑繁殖性能，虽然父本繁殖性能没有其他性能重要，但也具有一定的遗传性，可以增加多胎率，母本则选择繁殖力高、发情季节长和产奶性能好的品种。适应性方面，应根据不同气候条件选择适应当地气候条件的品种。资源可利用性方面，在进行经济杂交时，父本选择生产性能高的引入品种，母本一般选择当地品种，这是因为当地品种的母羊有较好的适应性，而且其数量大，资源丰富，可以降低生产成本。

2）注意杂交父、母本的个体选择。公羊应当是经过系谱考察和后裔测定进而被确认为高繁殖力的优秀个体，其体形结构理想，体质健壮，睾丸发育好，雄性特征明显，精液品质优。母羊应从多胎的母羊后代中不断选择优秀个体，以期获得多胎性能强的，并注意母羊的泌乳、哺乳性能；也可根据家系选留多胎母羊。另外，初产母羊的多胎率与其终生的繁殖力有一定联系。对初产母羊进行选择，能够提高母羊的多胎性能。

3）注意公、母羊的选配。正确选配对提高繁殖力来说也是非常重要的。实践中，选用双胎公羊配双胎母羊可获得较多的羔羊，所产多胎的公、母羔也可留作种用。单胎公羊配双胎母羊时，每只母羊的产羔数有所下降；单胎公羊配单胎母羊，其产羔数会更低。

三、种羊配种的误区

1. 近亲交配

(1) 误区 生产中为了让羊多繁殖，经常出现配种时间不合理或母羊配种年龄偏低等情况。许多养羊户对种羊管理非常粗放，随意选择公、母羊进行配种，有的甚至利用自家繁殖的公羊作为种公羊进行繁育，人为造成近亲交配，导致羊种质退化、参差不齐、生长缓慢；一些母羊常常产下畸形胎、死胎、弱羔，给养羊户造成较大的经济损失。

(2) 解决办法 青年母羊应在达到体成熟之后用于繁殖。杜绝近亲交配现象，有些养羊户的羊群规模比较小，配种公羊不足，可以考虑与其他养羊户联合，相互交换种公羊使用；或定期从外地调换种公羊。加强饲养管理，给种公、母羊佩戴耳标，编制配种档案，详细记录配种羊编号、配种时间、配种方式、产羔情况，有计划地控制公、母羊本交。这些方法是避免羊因近亲繁育而引起品种退化的重要措施。

2. 忽视种羊配种管理

(1) 误区 种羊配种质量关系到种羊的繁殖和养羊生产。生产中存在忽视种羊配种管理的情况，如配种操作不细心、不规范，配种缺乏耐心等，从而影响配种效果。

(2) 解决办法 采用本交的配种方法时，交配前应注意清洗羊的外生殖器官。采用人工授精时，冷冻精液的品质必须符合要求，每次输入的精子量应达到2亿个以上。因为母羊的子宫颈口不易开张，且越刺激越容易收缩过紧，所以，使用输精枪进行输精时，一定要有耐心。进行操作前，应让母羊有一段安静的休息期；在精液解冻前，先将输精枪放在40℃的温水中水浴3~5分钟。为提高受胎率，应在母羊有明显的发情表现后及时配种，隔6小时后再配种1次。

四、引种存在的误区

(1) 误区 种羊质量关系到羊场的生产水平和经济效益，但生产中存在没有引种计划和不了解种羊场情况而盲目引种、不注重种羊选择、引种管理不善等误区，直接影响引进种羊的质量。

(2) 解决办法

1）制订完善的引种计划。种羊场应结合自身的实际情况，根据种群更新计划，确定所需品种和数量，有选择性地购进能提高本场种羊某种性能、满足自身要求的种羊，并只购买与自己的种羊健康状况相同的优良个体。

新建种羊场应根据自身的生产规模、产品市场和未来发展方向等方面做好引种计划，确定所引进种羊的数量、品种和代别，按引种计划选择质量高、信誉好的大型种羊场。必须从没有疫病流行的地区引种，并应详细了解供种场种羊的健康状况，同时了解该种羊场的免疫程序及其具体免疫情况。

2）做好引种准备。准备好隔离舍，种羊到场前的7～10天对隔离舍及用具进行严格消毒。准备好常用药物及相关医疗器械。

3）注重种羊的选择。种羊要求健康、无任何临床病征和遗传疾患，营养状况良好，发育正常，四肢强健有力，体形外貌符合品种特征和本场自身要求，耳号清晰。种公羊要求活泼好动，睾丸发育匀称，包皮没有较多积液，最好选择见到母羊能主动爬跨、性欲旺盛的成年公羊个体。种母羊生殖器官要求发育正常，阴户不能过小和上翘，应选择阴户较大且松弛下垂的个体，乳房发育良好、均匀，四肢要求有力且结构良好。

4）注意运输管理。在运载种羊前24小时，应使用高效消毒剂对车辆和用具进行2次以上的严格消毒，并开具消毒证明。供种场提前2小时对准备运输的种羊停止投喂饲料。上车时不能装得太挤，注意保护种羊的肢蹄，装羊结束后应固定好车门。长途运输时，运载种羊的车厢应隔成若干个隔栏，隔栏最好用光滑的水管制成，避免刮伤种羊，达到性成熟的种公羊应单独隔开。对于长途运输的种羊，应对每只种羊按每千克体重0.1毫升注射长效抗生素（如长效土霉素注射液），以防止羊群在运输途中感染细菌性疾病。

5）加强引入后的管理。种羊到场后必须先进隔离舍，对车辆、羊及车周围地面进行消毒后再将种羊卸下，按体格大小、公母进行分群饲养，有损伤及其他非正常情况的种羊应立即隔开单栏饲养，并及时治疗处理。先给羊提供饮水（淡盐水），休息6～12小时后方可供给少量饲草，第二天开始放牧，由近到远，逐渐加大放牧强度。每天要做好补料的工作，并给予充足的饮水。种羊到场后的前2周，饲养管理上应注意尽量减少应激，使种羊尽快恢复正常状态。种羊到场1周后，应按本场的免疫程序接种传染性胸膜肺炎等各类疫苗，隔离饲养20～30天后严格检疫。种羊在隔离期内，接种完各种疫苗后，进行1次全面驱虫。隔离期结束后，对该批种羊进行体表消毒，再转入生产区投入正常生产。

第四章
实施科学繁殖技术，有效提高母羊繁殖率

第一节　提高繁殖技术的主要途径

一、掌握羊的发情鉴定和同期发情技术

羊为季节性繁殖的家畜，在北半球多在秋季和冬季发情配种。河北省绵羊发情季节一般是当年7月至第二年1月，而以8~9月发情的羊较多。饲养条件优越、地处温暖的地区，或经人工高度培育的一部分绵羊或山羊品种都长年发情配种。例如，小尾寒羊一年四季都可发情、配种、繁殖，不受季节的限制。公羊没有明显的配种季节，但秋季性欲较强，精液质量较高。

1. 羊的发情生理

（1）性成熟和初配年龄　羊生长发育达到一定年龄，生殖器官发育基本完全，母羊具有成熟的卵子和排卵能力，有交配的欲望（发情）和能力，在发情时配种可受胎；公羊有成熟的精子，出现性欲，具有配种的能力，这时称为性成熟。

羊的性成熟，受品种、气候、个体、饲养管理等方面的影响。我国绵羊性成熟较早，蒙古羊5~6月龄能配种受胎，华北地区小尾寒羊4~5月龄即可发情受胎。

山羊的性成熟一般比绵羊早，有的山羊3~4月龄即出现发情表现。在较寒冷的北方，绒山羊及当地品种山羊的性成熟为4~6月龄。在温暖地区，大部分山羊品种性成熟在3月龄左右，营养好的青年山羊60日龄即可发情。奶山羊性成熟也较早，多为4~5月龄。

山羊的初配年龄较早，与气候条件、营养状况有很大的关系。南方地区有些山羊品种5月龄即配种，而北方地区有些山羊品种初配年龄需

到1.5岁。山羊的初配年龄多为10～12月龄，绵羊的初配年龄多为12～18月龄。分布于江浙一带的湖羊生长发育较快，母羊初配年龄为6月龄。我国广大牧区的绵羊多在1.5岁时初配。

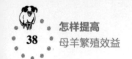

【注意】

羊达到性成熟后还不能进行配种，必须到了初配年龄才能参与配种。尽管绵羊和山羊各品种初配年龄不一样，但初配均以羊的体重达到成年体重的70%为宜。

(2) 发情周期和发情征候

1）发情周期。在空怀情况下，从一个发情期开始到下一个发情期开始，所间隔的时间称为发情周期。绵羊的发情周期为14～21天（平均16天），山羊为18～23天（平均20天）。

母羊一次发情持续的时间称为发情持续期。绵羊发情持续期为24～36小时（平均30小时），山羊为2天左右（平均40小时）。

2）发情征候。羊的发情行为表现、生殖器官的外阴部变化和阴道黏液是直观可见的，因此是发情鉴定的几个主要征候。

大多数母羊有明显的发情行为表现，如：鸣叫不安，兴奋活跃；食欲减退，反刍和采食时间明显减少；频繁排尿，并不时地摇摆尾巴；母羊间相互爬跨、打响鼻等；接受抚摸按压及其他羊的爬跨时，表现静立不动，对人表现温顺。

生殖器官也有如下征状：外阴部充血肿胀，由苍白色变为鲜红色；阴唇黏膜红肿；从阴道间断地排出鸡蛋清样的黏液，初期较稀薄，后期逐渐变得浑浊黏稠；子宫颈松弛开放。

山羊的发情行为表现很明显，特别是鸣叫、摇尾、相互爬跨等行为很突出。绵羊则没有山羊明显，甚至出现安静发情（母羊卵泡发育成熟至排卵无发情征候和性行为表现，称为安静发情，也称安静排卵）。安静发情与羊的生殖激素水平有关，绵羊的安静发情较多.

【提示】

生产上绵羊常采取公羊试情的方法来鉴别母羊是否发情。

2. 羊的发情鉴定方法

(1) 外部观察 直接观察母羊的行为、发情征候和生殖器官的变化，这是鉴定母羊是否发情最基本、最常用的方法。

（2）阴道检查 将羊用开膣器插入母羊阴道，检查生殖器官的变化，如发现阴道黏膜的颜色潮红充血、黏膜增多、子宫颈松弛等，可判定母羊已发情（彩图13）。

（3）公羊试情 用公羊对母羊进行试情，根据母羊对公羊的行为反应，结合外部观察来判定母羊是否发情。试情公羊要求性欲旺盛、营养良好、健康无病，一般每100只母羊配备试情公羊2~3只。试情公羊需做输精管切断手术或戴试情布。试情布一般宽35厘米，长40厘米，将其四角扎上带子，系在试情公羊腹部，然后把试情公羊放入母羊群，如果母羊已发情便会接受试情公羊的爬跨。

【提示】

可选用质地柔软的窗纱做试情布，效果良好。从公羊阴茎流出的体液可以通过窗纱滴到地上，确保其阴部不受污液浸润，降低公羊包皮感染概率。

（4）“公羊瓶”试情 公山羊的角基部与耳根之间会分泌一种性诱激素，可用毛巾用力揩擦后放入玻璃瓶中，这就是所谓的“公羊瓶”。试验者手持“公羊瓶”，利用毛巾上的性诱激素的气味将发情母羊引诱出来。

通过发情鉴定，及时发现发情母羊和判定发情程度，并在母羊排卵受孕的最佳时期输精或交配，可提高羊群的配怀率。

3. 羊的同期发情技术

该技术是使用激素类药物，使母羊在1~3天内同时发情排卵。

目前比较实用的方法是孕激素阴道栓塞法，即取一块泡沫塑料，大小如墨水瓶盖，拴上细线，经严格消毒后，浸入孕激素制剂溶液，然后塞入母羊子宫颈口，将细线的一端引至阴门外（便于拉出），放置10~14天后取出，当天肌内注射孕马血清促性腺激素（PMSG）250~500国际单位，一般30小时左右即有发情表现，在发情当天和次日各输精1次，或放进公羊自然交配。

孕激素制剂还可选用以下任何一种：孕酮（黄体酮），500~1000毫克；甲孕酮（MAP），50~70毫克；氟酮（FGA），20~40毫克；氯地孕酮（CAP），20~30毫克。后3种制剂效力大大超过孕酮。其他还有前列腺素（PGF_{2a}）注射法、15-甲基前列腺素注射法、孕激素-前列腺素注射法，但因成本高，应用不多。

二、掌握羊的人工授精技术

人工授精流程主要包括：场地器械的准备→采精→精液检查→精液稀释和保存（包括冷冻保存）→输精（用冷冻精液输精前需解冻）。

1. 准备工作

准备一间向阳、干净的配种间，包括采精场地、精液品质检查场地和输精场地。如果是散养户或者养羊较少的专业户，也必须准备一间干净的羊圈或羊棚作为输精场地。配种间要求光线充足，各部分工作场地要互相连接，以利于工作；地面坚实（最好铺砖块），以便清洁和减少尘土飞扬；空气要新鲜，室温要求 18～25℃。人工授精的各种器械要准备齐全，主要器械见表 4-1。采精、输精前各种器械必须清洗和消毒。要用肥皂水洗刷除去污物，对新购入的金属器具必须先除去防锈油污，再用清水冲洗干净，然后用蒸馏水冲洗 1 次，消毒备用。玻璃器械采用干热消毒法，其余器械可用蒸汽消毒。

表 4-1　羊人工授精所需的主要器械

名称	规格	数量	用　途
普通显微镜	400～600 倍	1	检查精子密度、活力
假阴道	个	3～5	采集精液
集精杯	个	5～10	收集精液
输精枪	个	5～10	输精
开膣器	个	3～5	打开母羊生殖道，便于观察子宫颈口
保温桶	1～2 升/个	1	储存精液
手电筒	个	2	输精时提供照明，照亮生殖道
消毒锅	个	1	消毒采精器械

2. 采精

（1）羊用假阴道的准备　种公羊的精液用假阴道采集。假阴道为筒状结构，主要由外壳、内胎和集精杯组成。外壳是硬胶皮圆筒，长 20 厘米，直径 4 厘米，厚约 0.5 厘米；筒上有注水孔，孔上安有橡胶塞，塞上有气嘴。内胎为薄橡胶管，长 30 厘米，直径为 4 厘米。用时将内胎装入外壳，两端向假阴道两端翻卷，并用橡胶圈固定。内胎要展平，松紧适度。集精杯装在一端（图 4-1，彩图 14）。

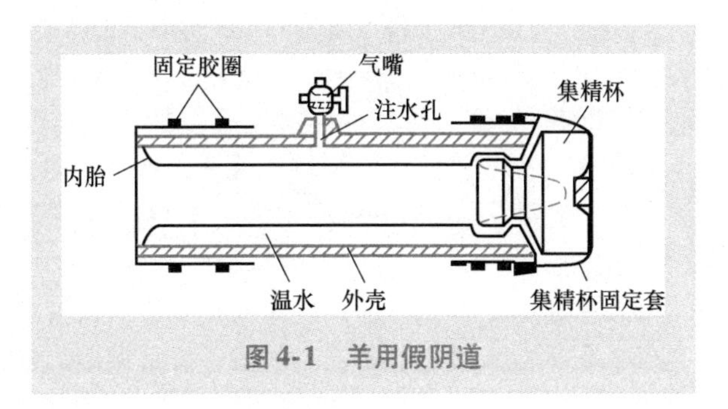

图 4-1 羊用假阴道

采精前，将安装好的假阴道内胎先用肥皂水清洗，后用温清水冲洗，外壳用毛巾擦干。内胎最好晾干，干后用95%酒精棉球涂抹，装上集精杯，用蒸馏水或温开水和1%生理盐水冲洗。然后由注水孔注入50℃热水150～180毫升，再用消过毒的玻璃棒蘸上一些消过毒的凡士林，涂在内胎上，注意涂均匀，涂抹深度不超过阴道长度的2/3。由注水孔上的气嘴向孔内吹气，使内胎鼓胀，以恰好装进公羊的阴茎为宜。临采精前，内层的温度应在40～42℃，温度过高或过低都会影响公羊射精。

（2）台羊的准备 对公羊来说，台羊（母羊）是重要的性刺激物，是用假阴道采精的必要条件。台羊应当选择健康的、体格大小与公羊相似的发情母羊。当用不发情的母羊作为台羊不能引起公羊性欲时，可先用发情母羊训练数次。在采精时，必须先将台羊固定在采精架上。对经过采精训练的公羊也可以利用假台羊进行采精（图4-2）。

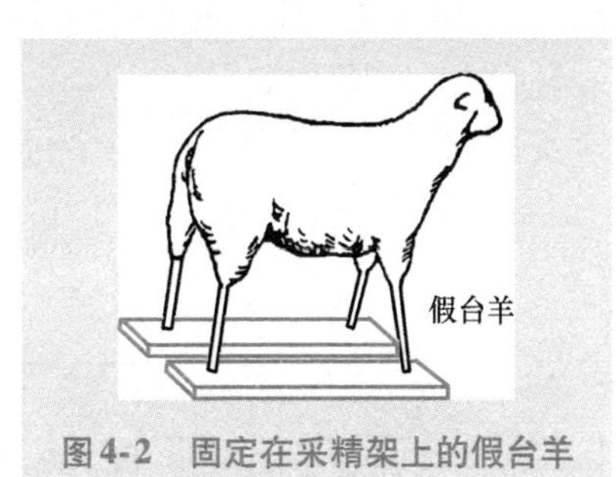

图 4-2 固定在采精架上的假台羊

（3）采精技术 公羊爬跨迅速，射精动作快。因此，采精人员应动作迅速、准确。采精时，采精人员右手拿假阴道，蹲伏在母羊右侧后方，当公羊爬跨并伸出阴茎时，迅速将假阴道靠在母羊右侧盆部，与地面成35～40度角，左手托住公羊阴茎包皮，将阴茎快速导入假阴道内。当公羊

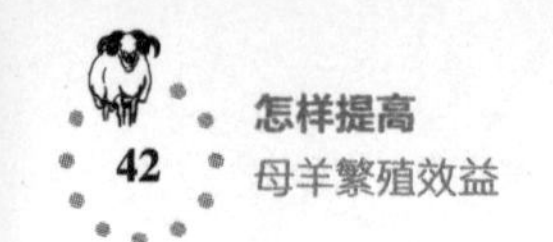

身体剧烈耸动，表明已经射精。采精人员应将假阴道顺从公羊跳下的动作向后移下，然后竖起，使有集精杯的一端向下，及时打开气嘴放气，使精液流入集精杯。取下集精杯，加盖，送室内做精液品质检查（彩图15，彩图16）。

采精后，假阴道外壳、内胎及集精杯要洗净，可以先用肥皂、碱水（氢氧化钠水溶液）洗刷，再用过滤的开水洗刷3～4次，晾干备用。

3. 精液品质检查

最少在一个配种季节的开始、中期、末期检查3次精液品质，主要检查色泽、气味、射精量、活力、密度。采精后将精液倒入量精瓶，检查色、味、量。

（1）射精量检查 绵羊一次射精量为0.8～1.5毫升，山羊为1毫升左右，1毫升精液有20多亿个精子。

（2）色泽和气味检查 正常精液呈乳白色或略带浅黄色，浓稠，无味或略带腥味。

（3）密度检查 精子密度是精液品质优劣的重要指标之一。用显微镜检查精子密度时，其制片方法是（用原精液制片）：用消过毒的干净玻璃棒取出原精液1滴，或用生理盐水稀释过的精液1滴，滴在消过毒的干净的干燥载玻片上，并盖上干净的盖玻片，确保盖玻片与载玻片之间充满精液，避免气泡产生，然后放在显微镜下放大300～600倍进行观察。观察时，盖玻片、载玻片、显微镜载物台的温度不得低于30℃，室温不能低于18℃。一般放在显微镜保温箱中进行检查（图4-3）。

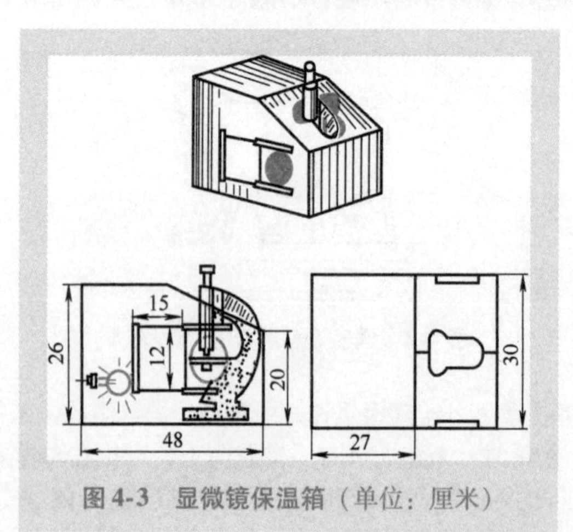

图4-3 显微镜保温箱（单位：厘米）

精子的密度分为“密”“中”和“稀”三级（图4-4）。

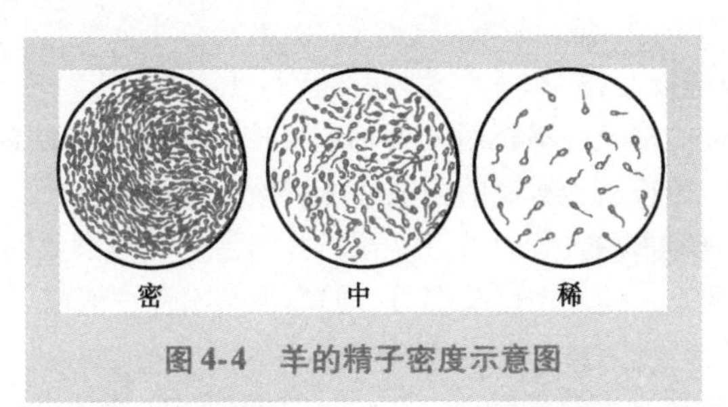

图4-4 羊的精子密度示意图

1）密。精液中精子数目较多，充满整个视野，精子与精子之间的空隙很小，不足1个精子的长度。由于精子非常稠密，所以很难看出单个精子的活动情形。

2）中。在视野中看到的精子也很多，但精子与精子之间有着明晰的空隙，彼此间的距离相当于1~2个精子的长度。

3）稀。在视野中只有少数精子，精子与精子之间的空隙很大，超过2个精子的长度。

另外，在视野中如果看不到精子，则以“0”表示。

【提示】

公羊的精液含附性腺分泌物少，精子密度大，所以用于输精的精液，其精子密度至少应达到“中”级。

(4) 活力检查 一般精子的活力检查同精子的密度检查同时进行，制片方法相同。根据显微镜中视野下直线前进运动的精子占总精子数的比例来确定活力等级。在显微镜下观察，可以看到精子有3种运动方式：

1）前进运动。精子的运动呈直线前进运动。

2）回旋运动。精子虽然运动，但绕小圈子回旋转动，圈子的直径很小，不到1个精子的长度。

3）摇摆运动。精子不改变其运动的位置，而在原地不断摆动，并不能前进。

除以上3种运动方式之外，往往还可以看到没有任何运动的精子，即呈静止状态。除第一种精子具有受精能力外，其他几种运动方式的精子不久即会死亡，没有受精能力，故在评定精子活力等级时，应根据显微镜下活泼前进运动的精子在视野中所占的比例来确定：如有80%的精子做直线前进运动，其活力为0.8，以此类推。一般公羊精子的活力在0.7以上才能用于输精。

4. 精液稀释

检查合格的精液，稀释后才可输精。应选择易于抑制精子活动、减少能量消耗、延长精子寿命的弱酸性稀释液，常用的有：

（1）奶汁稀释液 奶汁先用7层纱布过滤后，再煮沸消毒10～15分钟，降至室温，去掉表面脂肪即可。稀释液与精液一般以（3～7）：1的体积比稀释。

（2）生理盐水卵黄稀释液 1%氯化钠溶液99毫升，加新鲜卵黄10毫升，混合均匀。

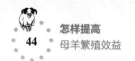

要根据精子密度、活力来确定精液稀释比例。稀释后的精液，每毫升有效精子不少于7亿个。精液与稀释液混合时，二者的温度必须保持一致，防止精子受温度剧烈变化的影响。因此，应在稀释前将2种液体放于同一温度的水浴中，同时在20～25℃时进行稀释。把稀释液沿着精液瓶缓缓倒入，为使混合均匀，可稍加摇动或反复倒动1～2次。在进行高倍稀释时需分两步进行，即先进行低倍稀释，等数分钟后再做高倍稀释。稀释后，立即进行活力镜检，如果活力不好则要查出原因。

5. 精液分装、运输与保存

（1）精液分装 将稀释好的精液根据各输精点的需要量分装于2～5毫升的小试管中，精液面距试管口不少于0.5厘米，然后用玻璃纸和橡胶圈将试管口扎好，在室温下自然降温。

（2）短途运输 将降温到10～15℃且已分装好的精液小试管用脱脂棉、纱布包好，套上塑料袋，放在盛满凉水的小保温瓶内，即可运到输精点。

【提示】

在农村短途运输时可以采用自行车，5～10千米的运输距离对精子活力影响不显著。

（3）精液保存 精液在稀释后即可保存。现行保存精液的方法，按保存温度不同，分为常温保存（15～25℃）、低温保存（0～5℃）和冷冻保存（－79℃或－196℃）。

1）常温保存。运到输精点，马上用的或当晚、第二天早晨用的精液可在常温保存。常温保存是将精液保存在温度为15～25℃的环境中，允许温度有一定的变动。该方法无须特殊的温度控制设备，比较简便。绵羊精液采用常温保存比低温或冷冻保存的效果好。一般绵羊、山羊精液常温保存48小时后，精子存活率仍可达原精液的70%。

2）低温保存。将精液保存在0~5℃环境中称为低温保存。它是在精液不致结冰的情况下大幅度地降温，一般是将精液稀释后放入温度维持在0~5℃的冰箱内或装有冰块的保温瓶中。

【注意】

由于绵羊、山羊精液的某些限制因素，采用低温保存的效果不理想。

3）超低温保存。它是将分装好的精液直接放入液氮（温度为-196℃）中，使其温度快速降到冰点以下并冻结起来，故又称冷冻保存。在此温度下，精子代谢完全停止，故保存时间大为延长，经数月乃至数年仍可用于人工授精。

（4）冷冻精液解冻方法 用细管、安瓿等分装的冻精，可以直接在35~40℃的温水中解冻，等到细管或安瓿内的精液融化一半时，便可以从温水中取出来以备使用。解冻颗粒精液有干、湿两种方法。

1）湿法解冻，就是在灭菌试管内注入1毫升1.9%枸橼酸钠解冻液，然后在水浴中加热至35~40℃。取出颗粒精液投进试管内，摇动融化以备使用。

2）干法解冻，即直接将颗粒冻精置于灭菌试管内，然后在水浴中加热至35~40℃解冻即可。

冷冻精液解冻后立即进行镜检，活力达到0.3以上的就可以用于输精。

【提示】

要提高冻精的受胎率，一般采用1:1的低倍稀释、40℃快速干法解冻、1亿个左右有效精子数的大量输精和一个情期二次重复输精等方法。

6. 输精

将洗干净的输精器用70%酒精消毒内部，再用温开水洗去残余酒精，用适量生理盐水冲洗数次后使用。开膣器洗净后放在酒精火焰上消毒，冷却后外涂消毒过的凡士林。

将配种母羊置于固定架上，用0.1%的高锰酸钾溶液洗净外阴部，再用清水冲洗干净后，输精员右手持输精器，左手持开膣器，先将涂有润滑剂的开膣器顺着阴门插入阴道，旋转90度，再将开膣器轻轻打开，插入输精针，用手电筒找到子宫颈口，然后将输精针插入子宫颈口0.5～1.0厘米深处，轻轻注入精液，最后缓慢取出输精针和开膣器（图4-5，彩图17，彩图18）。开膣器在阴道内始终保持开张状态，不能闭合，以免夹伤生殖道。输精后在母羊的腰椎部位用手捏一下，刺激宫颈收缩，防止精液流出。

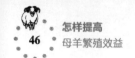

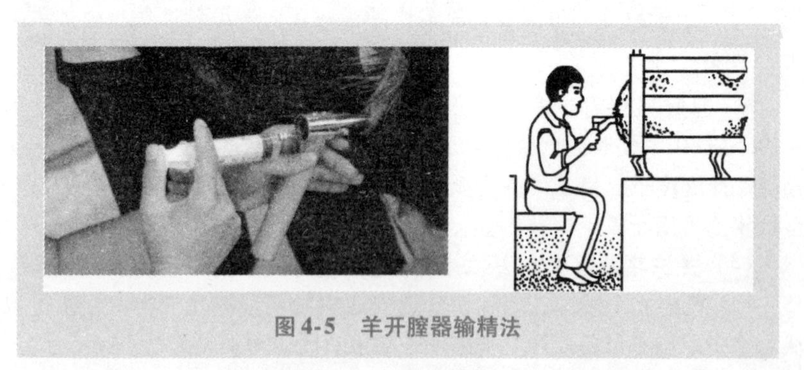

图4-5 羊开膣器输精法

为提高母羊受胎率，每次发情时输精2次，在输精后的8～12小时再重复输1次。一般每只母羊每次输精0.1毫升，有效精子不少于0.5亿个。当精液稀释4～8倍时，输精量应增加到0.2毫升。处女羊进行阴道输精时，输精量也应加倍。

如果在打开开膣器后，发现母羊阴道内黏液过多或有排尿表现，应让母羊排尿或设法使母羊阴道内的黏液排净，然后再将开膣器插入阴道，细心寻找到子宫颈。发情母羊子宫颈附近黏膜颜色较深，当阴道打开后，向颜色较深的方向找子宫颈口，可以顺利找到。

【提示】

初配母羊输精时，由于阴道狭窄，开膣器打不开，只能进行阴道深部输精，但输精量应当加大至0.2～0.3毫升。

输精后的母羊应保持2～3小时的安静状态，不要接近公羊或强行牵拉，因为输入的精子通过子宫到达输卵管受精部位需要有一定时间。

母羊输精后应做好详细记录，主要包括输精母羊号、发情情况、年龄、输精日期、精液类型及与配公羊号。

三、掌握羊的妊娠诊断技术

1. 妊娠期与预产期

羊从开始怀孕到分娩的时期称为妊娠期，绵羊的妊娠期平均为150天（146~157天），山羊的妊娠期平均为152天（146~161天），但随品种、个体、年龄、饲养管理条件的不同而有差别，一般山羊的妊娠期略长于绵羊。早熟的肉毛兼用或肉用绵羊品种多在饲料优越的条件下育成，妊娠期较短，平均为145天左右。

母羊妊娠后，为做好分娩前的准备工作，应准确推算产羔期，即预产期。羊的预产期可用公式推算，即配种月数加5，配种日期数减2。例如：某羊于2019年3月26日配种，它的预产期为：

3+5=8（月）　　　预产月

26-2=24（日）　　预产日

即该羊的预产日期是2019年8月24日。

2. 妊娠特征

（1）母羊妊娠外部特征　母羊配种后经1~2个发情周期不再发情，即可初步认为怀孕。妊娠羊性情安静、温顺，动作小心迟缓，食欲好，吃草和饮水增多，被毛光泽，妊娠后半期（3~4个月）腹部逐渐变大，腹壁右侧（孕侧）比左侧更为下垂凸出，肋腹部凹陷，乳房也逐渐胀大。

（2）妊娠诊断　配种后，如能尽早进行妊娠诊断，对于保胎、减少空怀、提高繁殖率及有效地实施生产经营管理都是相当重要的。常用的妊娠诊断方法主要有以下4种：

1）外部观察法。如果观察到母羊出现一些妊娠外部特征，就基本上可判定母羊进入妊娠期。外部观察法的最大缺点是不能早期确诊是否妊娠，而且没有某一或某几个表现时也不能肯定没有妊娠。对于某些能够确诊的观察项目一般都在妊娠中后期才能明显看到，这就可能影响母羊的再次发情配种。

2）腹壁探测法。一般妊娠2个月后可用腹壁探测法检查母羊是否怀孕。检查应在早晨空腹时进行，将母羊的头颈夹在两腿中间，弯下腰将两只手从两侧放在母羊腹下乳房的前方，将腹部微微托起。左手将羊的右腹向左侧微推，左手的拇指、食指叉开就能触摸到胎儿。60天以后的胎儿能触摸到较硬的小块，90~120天就能摸到胎儿的后腿腓骨，随着日龄的增长，后腿腓骨由软变硬。当手托起腹部，手感到有一硬块时，表示胎儿仅有1羔；若两边各有一硬块，则为双羔；在胸的后方还有一硬块时，则为3羔；在左胸或右胸的上方各有一硬块时，则为4羔。

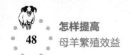

【注意】

检查时手要轻巧灵活，仔细触摸各个部位，切不可粗暴生硬，以免造成胎儿受伤、流产。

3）阴道检查法。利用羊阴道开膣器打开母羊阴道，根据母羊阴道黏膜的色泽、黏液性状及子宫颈口形状的变化规律来判断母羊是否妊娠。

① 阴道黏膜变化。母羊怀孕后，阴道黏膜由空怀时的浅粉红色变为苍白色，但用开膣器打开阴道后，在很短时间内即由白色变成粉红色。空怀母羊黏膜始终为粉红色。

② 阴道黏液变化。孕羊的阴道黏液呈透明状，而且量很少，但很浓稠，能在手指间牵成线。相反，黏液量多、稀薄、颜色灰白的母羊未孕。

③ 子宫颈变化。孕羊子宫颈紧闭，色泽苍白，并有糨糊状的黏块堵塞在子宫颈口，人们称之为“子宫栓”。

4）超声波探测法。超声波探测仪是一种较为先进的诊断仪器，有直肠探头和普通探头两种，探头和所探测部位均以液状石蜡、食用油或凡士林为耦合剂。根据妊娠时间可采用直肠探测和腹部探测两种不同的持探头方法。超声波探测法可以应用于妊娠早期（40天左右）的检查，是一种比较好的方法，目前有条件的养殖场都采用此方法。

四、掌握羊的分娩和助产技术

1. 产羔前的准备

大群养羊的场户，要有专门的接产育羔舍，即产房。产房内应保持冬暖夏凉。产羔期间要尽量保持恒温和干燥，一般以5～15℃为宜，湿度保持在50%～55%。产羔前应提前3～5天把产房打扫干净，墙壁和地面用5%碱水或0.1%的新洁尔灭（苯扎溴铵溶液）消毒，在产羔期间还应消毒2～3次。提前检查、修理栏具、料槽和草架等用具，用碱水或石灰水消毒。准备充足碘酊、酒精、高锰酸钾、药棉、纱布及产科器械。

2. 分娩征兆观察

母羊临产时，骨盆韧带松弛，腹部下垂，尾根两侧下陷。乳房胀大，乳头竖立，用手挤时有少量浓稠的乳汁。阴唇肿大潮红，有黏液流出。肋窝凹陷，经常爬卧在圈内一角，或站立不安，常发出鸣叫。时常回头看其腹部，排尿次数增多，临产前阴门有努责现象。有以上现象即说明

将临产，应准备接产。

3. 正常分娩羊的接产

（1）接产准备 接产准备工作主要包括产房的准备、饲草饲料的准备、接产人员的准备及接产用具和器械的准备。

（2）接产方法 首先剪去临产母羊乳房周围和后肢内侧的毛，以免妨碍初生羔羊吃乳以及避免其吃下脏毛。有些细毛羊品种眼睛周围密生有毛，为不影响视力，也应剪去。用温水洗净乳房，并挤出几滴初乳，再将母羊的尾根、外阴部、肛门洗净，用消毒液进行全面消毒。

正常分娩的经产母羊，在羊膜破后10~30分钟，羔羊即能顺利产出。一般两前肢和头部先出，若先看到前肢的两蹄，接着是嘴和鼻，即为正常胎位。到头也露出来后，即可顺利产出，不必助产。产双羔时，先后间隔5~30分钟，也有长达10小时以上的。母羊产出第一只羔羊后，如仍表现不安、卧地不起，或起立后又重新躺下、努责等，可用手掌在母羊腹部前方适当用力向上推举，若能触到一个硬而光滑的羔体，则是双羔，应准备助产。

羔羊产出后，应迅速将羔羊口、鼻、耳中的黏液抠出，以免因呼吸困难而窒息死亡，或者吸入异物引起异物性肺炎。羔羊身上的黏液必须让母羊舔净，如母羊不舔，可把胎儿黏液涂在母羊嘴上，引诱母羊把羔羊身上舔干。如天气寒冷，则用干净布或干草迅速将羔羊身体擦干，以免受凉。

【注意】

不能用一块布或干草擦几只母羊同时产的羔羊，以免母羊弃仔。

羔羊出生后，一般母羊站起，脐带自然断裂，这时在脐带断裂端涂5%的碘酊消毒。如脐带未断，可在离脐带基部6~10厘米处将内部血液向两边挤，然后在此处剪断，并涂抹浓碘酊消毒。

4. 难产及助产

对初产母羊应适时予以助产。一般当羔羊嘴已露出阴门后，以手用力捏挤母羊尾根部，羔羊头部就会被挤出，同时用手拉住羔羊的两前肢顺势向后下方轻拖，羔羊即可产出。

阴道狭窄、子宫颈狭窄、母羊阵缩及努责微弱、胎儿过大、胎位不正等，均可引起难产。在破水后20分钟左右，母羊不努责，胎膜也未出

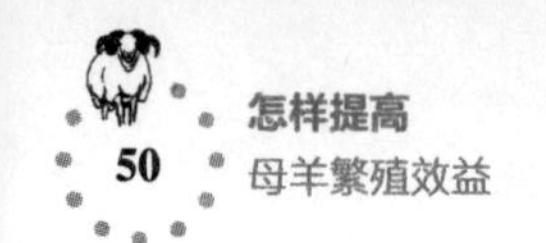

来，应及时助产。助产必须适时，过早不行，过晚则母羊精力消耗太大，羊水流尽而不易产出。

助产的方法主要是拉出胎羔。助产员要剪短、磨光指甲，洗净手臂并消毒，涂抹润滑剂。先帮助母羊将阴门撑大，把胎儿的两前肢拉出来再送进去，重复3次。然后手拉前肢，一手扶头，配合母羊的努责，慢慢向后下方拉出，注意不要用力过猛。

难产有时是由于胎势不正引起的。一般常见的胎势不正有头出前肢不出、前肢出头不出、后肢先出、胎儿上仰、臀部先出、四肢先出等。首先要弄清楚属于哪种不正常胎势，然后将不正常胎势变为正常胎势，即用手将胎儿轻轻摆正，让母羊自然产出胎儿。

第二节 羊的繁殖技术应用误区

一、忽视种公羊后期选择和饲养管理

（1）误区 对于参加配种的种公羊，有很多养殖场只注重选择个体比较大和生产性能比较突出的种公羊，而忽视了在配种前后对种公羊配种能力、精液品质的检查，以及后期对种公羊饲养管理的加强。少数精液品质不好的种公羊配种能力低下，种公羊过度使用和种公羊在配种期及恢复期营养不全面而导致羊群受配率不高，种羊使用年限缩短等，都增加了养殖场的繁殖成本，降低养殖场的经济效益。

（2）解决办法 种公羊的繁殖力及其发挥主要表现在交配能力、精液数量、精液质量，以及种公羊本身具有的遗传结构和后期好的饲养管理上。

1）选择繁殖力高的种公羊。种公羊个体的繁殖力不同，繁殖力高的，其后代多具有同样高的繁殖力。据研究，经多产性选择的公羔，含有较多的促黄体素（LH），而睾丸生长的差异主要取决于促黄体素的作用。因此，睾丸的大小可作为多产性最有用的早期标准，大睾丸种公羊的初情期也比小睾丸种公羊的初情期早。同时，阴囊围大的种公羊，其交配能力较强。

选留公羔和年青公羊时，应注重在不良环境条件下进行抗不育性的选择，因为在不良环境下更容易显示和发现繁殖力低的种公羊。要选留品质好、繁殖力强的种公羊，以提高羊群遗传素质。

选留种公羊，除要注意血统、生长发育、体质外形和生产性能外，

还应对睾丸情况严加检测，凡属隐睾、单睾，睾丸过小、畸形、质地坚硬，雄性特征不强的，都不能留种。

对于参加配种的种公羊，要经常检查精液品质，包括pH、精子活力、精子密度等。如果公羊长期性欲低下，配种能力不强，射精量少，精子密度稀、活力差，畸形精子多，受胎率低等，都不能作为种羊使用。

2）加强种公羊的科学管理，包括繁殖前进行训练、调教。采用本交的方法，每只种公羊配种母羊不超过50只，如果加强饲养管理，对母羊发情状况掌握良好，每只种公羊每个配种期配种母羊数可达100只。在配种前应每隔15～30天检查1次睾丸，在配种前3～6周剪毛。

3）全年均衡饲养种公羊。营养对种公羊精液品质有明显影响，在非配种季节应保持种公羊中等或中等以上的营养水平，配种季节间要求更高，使种公羊保持健壮、精力充沛且不过肥。由于精子从发生到成熟为49天，因此在配种前的30～45天就要加强营养和饲养管理，按配种季节的营养标准饲喂。

种公羊应集中饲养，科学补饲草料，保证有良好的种用体况。提高种公羊繁殖力要从多方面努力，不断采用先进技术，有效地提高其繁殖性能。

二、忽视日粮营养对不同阶段母羊繁殖性能的影响

（1）误区　对于参加配种的适龄母羊，和种公羊的选择一样，有很多养殖场只注重选择个体比较大和身体健康无病的母羊，忽视了母羊的营养水平。其实营养因素在母羊的繁殖过程中占有重要的地位，所提供的日粮营养水平会影响母羊体内激素的分泌水平，从而影响母羊在不同生殖阶段的繁殖力。只有给母羊提供充足且均衡的营养，满足其在不同时期的营养需求，才能使母羊的繁殖性能得以充分发挥。

（2）解决办法　加强营养，满足母羊不同生理阶段的营养需要。

1）妊娠期母羊。母羊在妊娠期的营养需要主要由维持需要、胎儿及胎产物的生长需要，以及母羊自身的增重需要这三个方面组成。在整个妊娠期，胎儿及胎产物的生长速度不同，妊娠初期是胎盘先生长发育，胎儿的生长发育在妊娠前期也较慢，增重仅为初生重的5%；而到了妊娠后期，胎儿的生长发育迅速加快，增重可占初生重的85%。在妊娠前期，母羊的营养需要并不高，和空怀期基本相同，维持体重不变或者少量增重即可，到了妊娠后期则需要充足而全价的营养供给。一般在妊娠后期，饲料能量水平要比空怀期高20%左右，蛋白质增加50%左右，

钙、磷含量增加 1.2 倍，维生素增加 2 倍，同时还要注意其他营养元素的供应。另外，对于体质较差、怀双羔甚至是多羔的母羊还要加强饲喂，以使其体重达到标准。

2）哺乳期母羊。哺乳期母羊一方面需要给羔羊提供充足的乳汁，另一方面还要避免体重损失严重而影响自身的繁殖性能，因此需要加强饲喂，提供充足的营养物质。所以，哺乳期是母羊所有生理阶段中营养需要量最高的时期，一般营养的需要量是维持需要量的 3～4 倍，其中蛋白质要高于维持需要量的 70%，并且要根据哺乳羔羊的数量来提供营养。一般哺乳单羔的母羊的能量需要较妊娠开始 3～6 周提高 30%，哺乳双羔的应提高 50%。能量的水平对哺乳期母羊的产奶量影响极大，尤其是在产后 12 周表现得最为明显。

3）空怀期母羊。空怀期母羊没有妊娠、泌乳的需要，因此对其饲养管理的过程中的营养供给常常被忽略，从而导致母羊在空怀期因营养摄入不足造成发情排卵异常、配种受胎率低下，而营养摄入良好、体质较好的母羊发情规律、排卵数量多，卵子的质量也好。因此，需要给空怀期母羊提供合理的营养，以促进母羊发情排卵，提高卵子的质量。可以在配种前 1～1.5 个月实施短期优饲的方法，适当补饲一些精饲料，帮助母羊恢复体况，对于个别体况较差的母羊需要提高营养的饲料，以使母羊群的膘情一致，发情集中，便于配种管理。

三、同期发情和发情鉴定技术不熟练

（1）误区 羊同期发情技术是指通过激素等方法人为控制母羊群体发情进程，使母羊集中于特定时间段同时发情、排卵，以便使用优良种公羊精液对同期发情母羊群体进行集中人工输精，实现羊批量化生产的高效繁殖技术。该技术可以使母羊集中发情、集中输精、集中分娩、统一管理、统一出栏，对提高空怀母羊和优良种公羊配种效能，降低生产成本，实现科学化、规范化、标准化生产，提高生产经济效益具有重要意义。但在生产过程中，存在着对同期发情中的发情鉴定技术不熟练的情况，导致母羊不能集中发情，利用同期发情技术缩短母羊繁殖周期，提高年繁殖率的目标也就不能实现。

（2）解决办法

1）选择合适年龄和体况的母羊。选择 7～8 月龄以上的后备母羊、断奶后未配种的空怀母羊、分娩后 35 天以上的哺乳母羊及长期不发情的母羊作为同期发情处理备用母羊。母羊要求体况良好，膘情要达 60% 以上，且无生殖系统疾病，精神状态好，被毛光顺，并确定为空怀。

2）熟练掌握同期发情处理技术。

① 放置孕激素阴道栓。试验用器械和工具均提前做好消毒处理，工作人员穿戴工作服、一次性无菌手套和口罩，确保无菌操作。将同期发情处理的备用母羊集中到配种栏舍，逐只保定，用0.2%新洁尔灭喷洒母羊外阴部，再用无菌纸巾擦拭外阴及阴门裂内侧。用止血钳取出阴道栓，在阴道栓的导管前端涂上适量红霉素软膏或生理盐水，分开阴门，将导管插入阴门，左手固定导管，右手持止血钳夹住内管缓慢向前推送，使棉栓留于阴道内，拉线露出阴门外3厘米左右，抽出导管。次日逐只检查是否脱栓，对脱栓母羊及时进行补放。

② 注射激素。放置孕激素阴道栓当天记为第1天，绵羊在第10天、山羊在第12天中午或下午注射孕马血清促性腺激素和D-氯前列烯醇。孕马血清促性腺激素在注射前使用专用稀释液进行稀释，根据每只母羊注射单位数、批次处理母羊数、每只母羊注射体积确定孕马血清促性腺激素的总体积和总重量。根据母羊体形大小、是否处于发情季节等情况，每只绵羊注射孕马血清促性腺激素250～400国际单位，每只山羊注射孕马血清促性腺激素250～300国际单位，非发情季节可以适当增加剂量。绵羊、山羊的D-氯前列烯醇注射剂量均为0.05毫克/只。注射时，逐只保定母羊，用连续注射器在母羊颈部后侧左右两边分别注射孕马血清促性腺激素2毫升和D-氯前列烯醇1毫升。

③ 撤去孕激素阴道栓。放栓后的绵羊在第11天下午，山羊在第13天下午将所有放置阴道栓的母羊集中到配种栏舍，逐只通过保定通道，技术人员拉住阴道栓外露拉线，缓慢用力撤出阴道栓。检查阴道栓是否干净，判定炎症发生情况，做好记录，用抗厌氧菌药物冲洗，减少细菌感染。

3）准确进行发情鉴定。母羊的发情鉴定以公羊试情为主，结合外部观察综合判定。试情公羊要求体质健康、性欲旺盛、年龄在2岁以上，建议选择优良品种的杂交公羊作为试情公羊。试情公羊在试情前进行输精管结扎处理或佩戴试情布，避免试情时试情公羊与母羊交配。撤栓后第2天和第3天进行发情鉴定，上午、下午各试情1次，每只公羊连续试情不超过1小时，间隔6～10小时进行第2次试情。发现试情公羊接近母羊或母羊主动接近试情公羊并接受试情公羊爬跨，可初步判定为母羊发情，将其做好标记并转到配种栏舍。

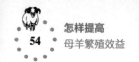

四、忽视舍饲母羊的生殖保健

（1）误区 羊由放牧转入舍饲，其饲养方式发生了根本性改变，采食由主动采食变为被动饲喂，活动范围也由放牧场地缩小为圈舍内的空间。舍饲后，由于圈舍运动场地窄小，羊的运动量不足，加之饲料不能全价营养供应和饲养管理不当等原因，易导致能繁母羊发情率低、情期受胎率低、难产率增加、胎衣不下增多等问题的出现。而难产、胎衣不下等问题的解决必须依靠人为助产和剥离胎衣。在助产和剥离胎衣操作过程中，如果操作人员技术不熟练，易造成母羊生殖道损伤，加之消毒不严格会引出生殖道感染，最终导致舍饲能繁母羊生殖道疾病增多，严重者因终生不孕而被迫淘汰，直接影响能繁母羊繁殖潜力的充分发挥。

（2）解决办法

1）科学饲养，保证母羊营养供应。一是供给舍饲能繁母羊品种多样、营养全价的全混合日粮，满足其对蛋白质、矿物质元素、微量元素和维生素的需要。二是长年供应青绿多汁饲料，如夏季供给青草、冬季供给青贮饲料等。三是科学饲喂，精饲料粉碎细度掌握在 8 目（即 2、3 毫米左右）；饲喂时间，冬、夏都掌握在早晨 5：00 之前、下午 5：00 之后饲喂，尽量缩短夜间空腹时间，特别是减少冬季掉膘；采食时间必须充足，最好在 2 小时以上，粗饲料也可以采取自由采食的方式饲喂。

2）规范管理，严格程序。

① 加强运动，保证顺产。羊舍饲后，运动场地窄小。为了保证怀孕母羊顺产，每天必须进行驱赶运动 2～4 小时。通过运动，一方面可以增强怀孕母羊自身体质，产羔时有足够的产力，避免因产力不足而造成难产；另一方面还有助于怀孕母羊胎儿胎位正常，保证母羊顺产，这在很大程度上可以避免因胎位不正而造成的难产。

② 充足光照，增强体质。充足的光照可以促进母羊体内维生素 D 的合成，而维生素 D 是促进钙、磷吸收的催化剂。因此，在母羊怀孕期增加光照，既有利于母羊本身增强体质，更有利于胎儿骨骼的形成，使胎儿健壮顺产。怀孕母羊每天光照时间以 6～8 小时为宜，建羊舍时前坡最好放采光板，放大前窗尺寸，以最大限度地增加圈舍采光系数。

③ 严格消毒，避免感染。圈舍是羊长期生活起居的地方，除每天对圈舍进行打扫外，还要严格消毒，给羊提供清洁、舒适、安全、良好的生活环境。这样可在很大程度上减少或避免新产母羊生殖道感染。

④ 加强管理，避免流产。舍饲能繁母羊由于运动量不足，流产率也

有所增加，而流产母羊的胎衣大部分需要剥离。因此，在管理上除密切注意观察羊群、及时发现异常情况并妥善处理外，还要避免机械性流产，如圈舍拥挤、鞭打、恐吓、急赶怀孕母羊、圈舍不平整导致怀孕母羊摔倒等易引发机械性流产；不要给怀孕母羊饮冰冻冷水、吃冰冻饲料等；杜绝中毒病发生，禁止给羊饲喂发霉变质、有毒的饲草饲料；怀孕母羊发病进行治疗时，禁止使用容易引起母羊流产的药物；定期对能繁母羊进行检疫，及时检出患布鲁氏菌病、滴虫病、李氏杆菌病等容易引起母羊流产的疾病的病羊，及时淘汰并做无害化处理。

3）正确助产和接产，避免生殖道损伤和感染。舍饲后，运动量不足、供给的饲料品种单一、营养价值不全面，导致母羊难产率增加，几乎每只母羊产羔都需要接产和助产，如果接产和助产方法不当、消毒不严格，就很容易造成母羊生殖道损伤和感染。详细接产和助产步骤见下文。

4）适时剥离胎衣，杜绝生殖道感染。母羊舍饲后，由于运动量不足和缺乏相应的营养物质，而造成母羊胎衣不下增多，母羊产羔后 12 小时胎衣不下即需剥离胎衣。操作时要将剥离场地打扫干净并严格消毒，在母羊身下垫上干净的塑料布，避免在剥离胎衣过程中将脏物带进产道而感染发病。另外，操作人员在剥离胎衣前，应将指甲剪平磨光，避免指甲将生殖道划破而造成感染。

五、羊接产和助产方法不正确

（1）误区 母羊在妊娠期间运动不足，或者是营养不全面，导致一部分特别是舍饲羊出现难产现象，如果没有正确的接产和助产技术，就不能保证胎儿正常娩出，降低羊群的繁殖力。

（2）解决办法

1）接产技术。

① 接产前的准备。备好优质草料，特别是在冬季应准备好充分的多汁饲料；设置产房，在舍内配备产羔栏，以免影响其他母羊。同时，注意定时通风、消毒，时刻保持地面干燥、清洁，以便空气流通、新鲜。做好接生用具、药品的准备，备好棉球、消毒纱布、听诊器、剪刀、羊毛剪、水桶、毛巾等用具，另外备好酒精、碘酊、催产素、高锰酸钾、镇静剂、强心剂及酚磺乙胺等药物。冬、春季产羔期间，应维持舍内温度在 5℃以上。

② 接产步骤。对母羊状态进行观察以明确胎位、胎向等，从而给予

评估和准备应对措施。其中胎位包括上位、下位、侧位，上位属于正常胎位；胎向包括纵向、横向及竖向。正常分娩时，羊膜破裂羔羊娩出，顺序产出羔羊两前肢、嘴、鼻及躯干、后肢。对于双羔羊的接生，应在第一只羔羊娩出后 5～30 分钟再来接生第二只羔羊。

③ 接产。经过消毒后，有经验的接产人员在接产时利用食指深入母羊阴道探查羔羊情况，如果鼻、蹄等均健全，则表明可正常顺产。羔羊娩出后，使用消毒纱布将羔羊鼻孔、口腔内的液体擦净，对于未断裂的脐带应利用麻绳或消毒线在距脐部约 5 厘米处捆扎，然后使用碘酊消毒，剪断，将羔羊置于垫草上，方便母羊舔干，达到增加亲情和控制羔羊体热散失的目的。

④ 吃初乳。娩出约 30 分钟时，羔羊可出现跪立欲起、摇晃不稳等现象，应给予辅助，以便羔羊尽快找到乳头进行吮吸。部分母羊恋羔性较差，不允许羔羊吃初乳，对此可将羔羊身上的黏液涂抹在母羊口腔、嘴角等多个部位，使其舔羔。由于母羊产后通常会疲乏，因而应加强饲养管理，可多喂红糖米汤，促进母羊泌乳，确保羔羊的存活率。

2）助产技术。母羊难产多数是由于母羊怀孕后期运动不足、胎儿过大、母体过肥、产道狭窄及子宫收缩乏力等因素所致，当母羊宫缩时间超过 4 小时，胎膜破裂且 20 分钟后未产出羔羊时，需进行助产。助产包括体外助产与体内助产，前者是指在母羊难产情况较轻时随着母羊努责将手朝上用力推动母羊腹部，反复进行至羔羊产出；后者是指助产人员将手深入产道内实施助产。

体内助产时，首先剪断指甲并磨平，反复清洗、消毒后涂抹润滑剂，做好进入产道助产的准备。对于母羊疲惫、产力不足所致的难产，应用手拉住羔羊两前肢且随着母羊努责缓慢拉出；对于阴道狭窄、子宫颈不全及羔羊体积过大等导致的难产，应扩大母羊阴道后进行助产；对于先露腿而未见头部、头先出不见前肢及臀部先露等原因造成的难产，禁止生拉硬拽，对此应观察母羊阵缩、努责情况，并在间歇期将部分产出的羔羊推回子宫内，然后手伸入产道对其进行矫正，然后缓慢拉出羔羊。如果矫正胎位后依旧难产，应引导母羊以前低后高的姿势侧卧。当母羊产程时间较长而引起产道变干时，应将植物油、石蜡等润滑剂注入产道内，以便羔羊顺利产出。生产结束后，将母羊后躯黏附的污物和胎盘及时擦净，并更换干净的垫草，以便母羊静养。同时，给予母羊营养丰富的温热食物，增强其体质，促进恢复，对于出现的产道损伤等疾病应采取对应的方法进行救治。另外，助产时应保持动作缓慢、轻柔，以免用力过大而损伤母羊子宫，严重时可出现穿孔、破裂。针对助产无效的母羊难产情况，应立即采取剖宫产手术。助产者还要事先做好自我保护工作。

对难产母羊要精心护理，外阴部可涂抹碘甘油，用0.1%高锰酸钾液冲洗产道，同时肌内注射青霉素等抗生素。

第五章
采用精细化饲养技术，有效提高羊的生长速度

第一节　采用精细化饲养技术的主要途径

一、优质饲料的选择

1. 常用的饲料种类

(1) 粗饲料　粗饲料主要包括干草类、农副产品类、树叶类、糟渣类等。粗饲料的来源广、种类多、价格低，是羊冬、春季的主要饲料。若所养羊的量少，便可以直接把收集来的粗饲料加工调制之后混合精饲料来饲喂。

1）干草。将青草在结籽实以前刈割下来，经晒干制成干草。优良的干草饲料中可消化粗蛋白质的含量应在12%以上，干物质损失18%~30%。草粉是羊配合饲料的一种重要成分，含水量不得超过12%。

2）秸秆类。可饲用的秸秆有稻草、玉米秸、麦秸、豆秸等。秸秆类饲料通常要搭配其他粗饲料混合粉碎后饲喂。

3）秕壳类。它是农作物籽实脱壳后的副产品，营养价值的高低随加工程度的不同而不同。其中，大豆荚是一种较好的粗饲料。

【提示】

如果有条件，可以把上述各种粗饲料进行混合青贮，既能提高这些粗饲料的适口性，又能增加粗饲料的消化率和营养价值。

(2) 青绿饲料　青绿饲料主要包括天然牧草、人工栽培牧草，以及叶菜类、根茎类、水生植物、菜叶瓜藤类饲料等。青绿饲料能较好地被羊利用，且品种齐全，具有来源广、成本低、采集方便、加工简单、营

养全面等优点，其重要性甚至大于精、粗饲料。

青绿饲料的营养特性是含水量高，陆生植物的水分含量为75%~90%，而水生植物的水分含量约为95%。青绿饲料的热能值低，每千克仅含消化能1250~2500千焦。因而，仅靠青绿饲料作为羊的日粮是难以满足其能量需要的，必须配合其他含能量较高的饲料组成日粮。一般禾本科牧草和蔬菜类饲料的粗蛋白质含量为1.5%~3%，含赖氨酸较多，因此，它又被用以补充谷物饲料中赖氨酸的不足。青绿饲料干物质中粗纤维含量不超过30%，叶、菜类干物质中的粗蛋白质含量不超过15%，无氮浸出物含量为40%~50%。植物开花或抽穗之前，粗纤维含量较低。矿物质含量占青绿饲料鲜重的1.5%~2.5%，钙磷比例较适宜。胡萝卜素含量为50~80毫克/千克，维生素B_6含量很少，缺乏维生素D。青干苜蓿中维生素B_2含量为6.4毫克/千克，比玉米籽实中的高3倍。青绿饲料与由它调制的干草可长期单独组成羊的日粮。

【注意】

青绿饲料堆放时间长、保管不当易造成发霉腐败，加热或煮后焖放过夜，都会使亚硝酸盐含量大大增加，此时不适宜再用于饲喂。

(3) 青贮饲料 青贮饲料是由含水分多的植物性饲料经密封、发酵而成，主要用于饲喂反刍动物。青贮饲料比青绿饲料耐储存，营养成分高于干草类饲料。青贮是调制和储存青绿饲料的有效方法，青贮饲料能有效地保存青绿植物的营养成分。青贮饲料的特点和加工方法详见第五章第二节内容。

(4) 能量饲料 能量饲料是指饲料绝对干物质中粗纤维含量低于18%，粗蛋白质含量低于20%的谷实类、糠麸类、草籽树实类、淀粉质的块根块茎和瓜类等。一般每千克饲料绝对干物质中含消化能在10.46兆焦以上。

1）谷实类饲料。无氮浸出物含量占干物质的71.6%~80.3%，其中主要是淀粉。谷实类饲料中赖氨酸与蛋氨酸含量不足，分别为0.31%~0.69%与0.16%~0.23%；钙含量低于0.1%，而磷的含量可达0.31%~0.45%，这种钙磷比例对任何动物是不适宜的。

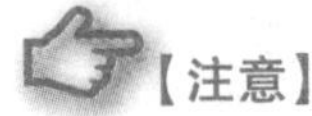

【注意】

在应用谷实类饲料时特别要注意钙的补充，必须与其他优质蛋白质饲料配合使用。粉碎的玉米，如果水分含量高于14%，则不适宜长期储存，因为容易发霉。在高粱中含有单宁，有苦味，且单宁含量越高颜色越深，在调制配合饲料时，色深者只能加到10%。

2）糠麸类饲料。糠麸类饲料包括碾米、制粉加工的主要副产品。常用糠麸类饲料有稻糠、麦麸、高粱糠、玉米糠和小米糠。

3）块根块茎及瓜类饲料。这类饲料包括胡萝卜、甘薯（地瓜）、木薯、甜菜、甘蓝、马铃薯、菊芋块茎、南瓜等，水分含量高达75%~90%。就干物质而言，这类饲料无氮浸出物含量很高，达到67.5%~88.1%。南瓜中核黄素含量高，而甘薯、南瓜中胡萝卜素含量高。块根与块茎饲料中富含钾盐。马铃薯块茎干物质中80%左右是淀粉，可作为羊的能量饲料。

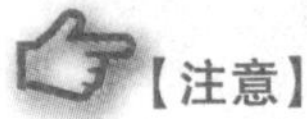

【注意】

绿色马铃薯和发芽的马铃薯含有龙葵素，动物吃了易中毒。刚收获的甜菜不宜马上给羊吃，否则易引起下痢。

（5）蛋白质饲料　蛋白质饲料是指饲料干物质中粗纤维含量在18%以下，粗蛋白质含量在20%以上的饲料。可分为植物性蛋白质饲料、动物性蛋白质饲料、单细胞蛋白质饲料及非蛋白氮饲料。

1）植物性蛋白质饲料，包括饼粕类饲料、豆科籽实及一些农副产品。饼粕类饲料中常见的有大豆饼、花生饼、芝麻饼、向日葵饼、胡麻饼、棉籽饼、菜籽饼等。

【提示】

大豆饼粕中含有胰蛋白酶抑制因子、大豆凝集素（造成甲状腺肿大）、皂苷等有害物质，影响动物的适口性、消化性和一些生理过程，但它们不耐热，在适当水分下经加热即可分解，有害作用消失，但加热不能过度，因为这会降低部分氨基酸的活性甚至破坏氨基酸。棉饼中含有棉酚，菜籽饼中含有芥子碱、硫甘和单宁等有害成分，在饲喂前一定要进行处理，而且要注意掌握用量，不可过多。

2）动物性蛋白质饲料，包括畜禽、水产副产品等。此类饲料中蛋白质、赖氨酸含量高，但蛋氨酸含量较低。例如，血粉中蛋白质含量高，但它缺乏异亮氨酸，含量几乎为零。灰分、B族维生素含量高，尤其是维生素 B_2、维生素 B_{12} 含量很高。

3）饲料酵母，属单细胞蛋白质饲料，常用啤酒酵母制成。饲料酵母的粗蛋白质含量为50%~55%，氨基酸组成全面，富含赖氨酸，蛋白质含量和质量都高于植物性蛋白质饲料，消化率和利用率也高。饲料酵母含有丰富的B族维生素。因此，在羊的配合饲料中使用饲料酵母可补充蛋白质和维生素，并可提高整个日粮的营养水平。

4）非蛋白氮饲料，是指简单含氮化合物，如尿素、二缩脲和氨盐等。这些含氮化合物均可被瘤胃细菌用作合成菌体蛋白的原料，其中以尿素应用最为广泛。由于尿素中氨释放的速度快，使用不正确易造成氨中毒，为此饲料中应当有充分的可溶性糖和淀粉等容易发酵的物质，以降低氨的释放速度。饲料中非蛋白氮总量折算成粗蛋白质当量以不超过饲料中粗蛋白质总量的30%为宜，非蛋白氮的含量一般控制在粗蛋白质含量的10%~12%，其具体应用要领如下：

① 将非蛋白氮饲料配制成高蛋白质饲料，如将其制成凝胶淀粉尿素或氨基浓缩物，用以降低氨的释放速度。

② 将非蛋白氮（尿素）配制成混合料并将其制成颗粒料，其中尿素含量占混合料的1%~2%为宜，若超过3%，会影响饲料的适口性，甚至可导致中毒事故的发生。

③ 在使用尿素的过程中，应当采取逐步增加的方法，以使羊瘤胃中的微生物群逐步适应，等其大量增殖后，采食较大量的尿素也就较为安全。另外，尿素还可以增强微生物的合成作用，增进菌体蛋白的合成量。

④ 可将含有非蛋白氮饲料添加剂的混合料压制成舔砖，也可在青贮饲料或干草中添加尿素，还可在用碱处理秸秆时添加尿素。

⑤ 在添加非蛋白氮时，不能同时饲喂含脲酶的饲料（如豆类、南瓜等）。饲喂半小时内不能供水，更不能将非蛋白氮溶解在水里供羊饮用。

⑥ 饲喂含非蛋白氮饲料添加剂的饲料时，应将非蛋白氮饲料添加剂（如尿素）在饲料中充分搅拌均匀，并分次喂羊。

⑦ 发生氨中毒时，立即用2%~3.5%的醋酸溶液进行灌服，或采取措施将瘤胃中的内容物迅速排空以解毒。

（6）矿物质饲料 动植物饲料中虽含有一定量的矿物质，但常不能满足舍饲条件下羊的生长发育和繁殖等生命活动的需要。因此，应补以所需的矿物质饲料。

1）常量矿物质饲料。常用的有食盐、石粉、蛋壳粉、贝壳粉和骨粉等。

2）微量矿物质饲料。常用的有氯化钴、硫酸铜、硫酸锌、硫酸亚铁、亚硒酸钠等。在添加时，一定要均匀搅拌到饲料中。

(7) 维生素饲料 维生素饲料是指工业合成或由天然原料提纯精制（或高浓缩）的各种单一维生素或复合维生素制剂，或由其生产的复合维生素制剂，不包括某项维生素含量较多的如胡萝卜、松针粉等天然饲料。

维生素按其溶解性可分为脂溶性维生素和水溶性维生素两类。脂溶性维生素包括维生素 A、维生素 D、维生素 E、维生素 K；水溶性维生素常用的有 B 族维生素及维生素 C。此外，肌醇和氨基苯甲酸等也属水溶性维生素。

维生素饲料主要用于对天然饲料中某种维生素的营养补充，提高动物抗病或抗应激能力，促进生长，以及改善畜产品的产量和质量等。维生素的需要量随羊的品种、生长阶段、饲养方式、环境因素的不同而不同。各国饲养标准所确定的需要量为羊对维生素的最低需要量，是设计生产维生素饲料添加剂的基本依据。考虑到实际生产应用中许多因素的影响，饲料中维生素的添加量都要在饲养标准所列需要量的基础上加“安全系数”。在某些维生素单体的供给量上常常以 2 ~ 10 倍设计超量添加，以保证满足羊生长发育的真正需要。由于羊的品种、生产性能、饲养条件及生产目的等方面的差异，在不同企业生产的维生素预混料中，各单体维生素的活性单位量有很大差异。

2. 饲料添加剂

饲料添加剂是羊的配合饲料的添加成分，多指为强化基础日粮的营养价值、促进羊的生长发育、防治疾病而加进饲料的微量添加物质。添加剂成分大体分为两类，即非营养性添加剂和营养性添加剂。非营养性添加剂包括生长促进剂、着色剂、防腐剂等，营养性添加剂包括维生素、矿物质、工业生产的氨基酸等。

目前，我国用于饲料添加剂的氨基酸有蛋氨酸、赖氨酸、色氨酸、甘氨酸、丙氨酸和谷氨酸 6 种，其中以蛋氨酸和赖氨酸为主。在配合饲料中常用的是粉状 DL- 蛋氨酸和 L- 盐酸赖氨酸。

近几年，各地用中草药饲料添加剂代替青绿饲料喂动物较为普遍，因其无毒副作用和抗药性，而且资源丰富、来源广泛、价格便宜、作用广泛，它既有营养作用，又有防病治病的作用。

二、饲养标准的合理运用

羊的饲养标准又称为羊的营养需要量，是羊维持生命活动和从事生产（乳、肉、毛、繁殖等）时对能量和各种营养物质的需要量。羊对各种物质的需要，不但数量要充足，而且比例要恰当。长期以来，我国大多沿用苏联和欧美一些国家的标准。原农业部在 2004 年 8 月 25 发布的《肉羊饲养标准》（NY/T 816—2004），规定了肉用绵羊和山羊对日粮干物质进食量、消化能、代谢能、粗蛋白质、维生素、矿物质元素每天需要值，适用于产肉为主，产毛、产绒为辅的绵羊和山羊品种。

【提示】

饲养标准是根据科学试验结果，结合实际饲养经验制定的，仅供参考，不能生搬硬套。由于各地区羊的品种、体重、生产性能不同，饲养地的自然条件、饲养管理技术水平不同，羊机体对营养的需求也不一样，应根据本地的生产实际对饲养标准酌情调整。

三、饲料加工调制技术

对饲料进行加工调制，可明显改善适口性，利于羊咀嚼，提高消化率、吸收率和生产性能；也便于对饲料进行储藏和运输。混合饲料的加工调制包括青绿饲料的加工调制、粗饲料的加工调制、能量饲料的加工调制。

1. 青绿饲料的加工调制

青绿饲料含水量高，宜现采现喂，不宜储藏运输。只有制成青干草或干草粉，才能长期保存。干草的营养价值取决于制作原料的种类、生长阶段和调制技术。一般豆科干草含较多的粗蛋白质，豆科、禾本科和禾谷类作物干草的有效能值无显著差别。在调制过程中，一般调制时间越短养分损失越小。在自然干燥条件下晒制的干草，养分损失 15%～20%；在人工条件下调制的干草，养分损失仅 5%～10%，所含胡萝卜素也更多，为晒制的 3～5 倍。

调制干草的方法一般有两种：地面晒干和人工干燥。人工干燥又有高温和低温两种方法。低温法是在 45～50℃温度下室内将青草停放数小时而干燥；高温法是在50～100℃的热空气中使青草脱水干燥6～10秒，即可干燥完毕。一般温度不超过100℃，便几乎能保存青草的全部营养价值。

2. 粗饲料的加工调制

粗饲料质地坚硬，含纤维素多，其中木质素比例大，适口性差，利用率低，通过加工调制可使这些性状得到改善。

（1）物理处理 利用机械、水、热力等物理作用，改变粗饲料的物理性状，提高利用率。具体方法有：

1）切短。使之有利于羊咀嚼，而且容易与其他饲料配合使用。

2）浸泡。在100千克温水中加入5千克食盐，将切短的秸秆在桶中分批浸泡，24小时后取出，可软化秸秆，提高秸秆的适口性，便于羊采食。

3）蒸煮。将切短的秸秆于锅内蒸煮1小时，焖2～3小时即可。这样可软化纤维素，增加适口性。

4）热喷。将秸秆、荚壳等粗饲料置于饲料热喷机内，用高温、高压蒸汽处理1～5分钟后，立即放在常压下使之膨化。热喷后的粗饲料结构疏松、适口性好，羊的采食量和消化率均能提高。

（2）化学处理 就是用酸、碱等化学试剂处理秸秆等粗饲料，分解其中难以消化的部分，以提高秸秆的营养价值。

1）氢氧化钠处理。氢氧化钠可使秸秆结构疏松，并可溶解部分难消化物质，从而提高秸秆中有机物质的消化率。最简单的方法是将2%的氢氧化钠溶液均匀喷洒在秸秆上，放置24小时即可。

2）石灰液钙化处理。石灰液具有同氢氧化钠类似的作用，而且可补充钙质，更重要的是该方法简便、成本低。方法是每100千克秸秆用1千克石灰、1～1.5千克食盐，加水200～250千克搅匀后，加入切碎的秸秆浸泡5～10分钟，然后捞出秸秆放在浸泡池的垫板上，熟化24～36小时后即可饲喂。

3）碱酸处理。把切碎的秸秆放入1%的氢氧化钠溶液中，浸泡好后，捞出压实，过12～24小时再放入3%的盐酸中浸泡，捞出后把浸液排光即可饲喂。

4）氨化处理。用氨或氨类化合物处理秸秆等粗饲料，可软化植物纤维，提高粗纤维的消化率，增加粗饲料中的含氮量，改善粗饲料的营养价值。

（3）微生物处理 微生物处理就是利用微生物产生的纤维素酶分解纤维素，以提高粗饲料的消化率。比较成功的方法有以下几种：

1）EM 处理法。EM 是“有效微生物”的英文缩写，由光合细菌、放线菌、酵母菌、乳酸菌等 10 个属 80 多种微生物复合培养而成。处理要点如下：

① 秸秆粉碎。可先将秸秆用铡草机铡短，然后在粉碎机内粉碎成粗粉。

② 配制菌液。取 EM 原液 2000 毫升，加糖蜜或红糖 2 千克、净水 320 千克，在常温下充分混合均匀。

③ 菌液拌料。将配置好的菌液喷洒在 1 吨粉碎好的粗饲料上，充分搅拌均匀。

④ 厌氧发酵。将拌好的饲料一层层地装入发酵窖（池）内，随装随踩实。当料装至高出窖口 30～40 厘米时，在上面覆盖塑料薄膜，再盖上 20～30 厘米厚的细土，拍打严实，防止透气。少量发酵也可用塑料袋，其关键是压实，创造厌氧环境。

⑤ 开窖使用。封窖后 5～10 天（夏季）或 20～30 天（冬季）即可开窖使用。开窖时要从一端开始，由上至下，一层层使用。窖口要封盖，防止阳光直射、泥土污物混入和杂菌污染。优质的发酵料具有苹果香味，酸甜兼具，经适当驯食后，羊即可正常采食。

2）秸秆微贮法。发酵活杆菌是由木质纤维分解菌和有机酸发酵菌通过生物工程技术制备的高效复合菌剂，用来处理作物秸秆等粗饲料，效果较好。制作方法如下：

① 秸秆粉碎。将麦秸、稻草、玉米秸等粗饲料用铡草机切碎或粉碎机粉碎。

② 菌种复活。秸秆发酵活杆菌菌种每袋 3 克，可调制干秸秆 1 吨或青秸秆 2 吨。在处理前，先将菌种倒入 200 毫升温水中充分溶解，在常温下放置 1～2 小时再使用，当天用完。

③ 菌液配制。以处理麦秸或稻草，每吨需要活菌制剂 3 克、食盐 9～12 千克（用玉米秸可将食盐降至 6～8 千克）、水 1200～1400 千克配制成菌液，充分混合。

④ 秸秆入窖。分层铺放粉碎的秸秆，每层厚度为 20～30 厘米，并喷洒菌液，使物料含水量保持在 60%～70%，喷洒后踩实，然后再铺第二层，一直到高出窖口 40 厘米时再封口。

⑤ 封窖。将最上面的秸秆压实，均匀撒上食盐，用量为250克/米^2，以防止上面的物料霉烂，然后盖塑料薄膜，往膜上铺20～30厘米厚的麦秸或稻草，最后覆土15～20厘米厚，密封，进行厌氧发酵。

⑥ 开窖和使用。封窖21～30天后即可使用。发酵好的秸秆应具有醇香和果香酸甜味，手感松散，质地柔软湿润。取用时应先将上层泥土轻轻取下，从一端开窖，一层层取用，取后将窖口封严，防止雨水浸入和掉进泥土。开始饲喂时，羊可能不习惯这种饲料，一般有7～10天的适应期。

3. 能量饲料的加工调制

能量饲料的营养价值及消化率一般都较高，但是常常因为籽实类饲料的种皮、颖壳、内部淀粉粒的结构及某些混合精饲料中含有的不良物质而影响了营养成分的消化吸收和利用。所以这类饲料喂前也应进行一定的加工调制，以便充分发挥其营养物质的作用。

（1）粉碎 这是最简单、最常用的一种加工方法。经粉碎后的籽实便于咀嚼，增加饲料与消化液的接触面积，使消化作用进行得比较完全，从而提高饲料的消化率和利用率。

（2）浸泡 将饲料置于池子或缸中，按饲料和水1:(1～1.5)的比例加入水。谷类、豆类、油饼类的饲料经浸泡吸收水分，膨胀柔软，容易咀嚼，便于消化，而且浸泡后某些饲料的毒性和异味会减轻，从而提高适口性。但是应掌握好浸泡的时间，浸泡时间过长，养分被水溶解造成损失，适口性也降低，甚至变质。

（3）蒸煮 马铃薯、豆类等饲料因含有不良物质而不能生喂，必须蒸煮以解除毒性，同时还可提高适口性和消化率。但蒸煮时间不宜过长，一般不超过20分钟，否则可引起蛋白质变性和某些维生素被破坏。

（4）发芽 谷实籽粒发芽后，可使一部分蛋白质分解成氨基酸，同时糖分、胡萝卜素、维生素E、维生素C及B族维生素的含量也大大增加。此法主要是在冬、春季缺乏青绿饲料的情况下使用。方法是将准备发芽的籽实用30～40℃的温水浸泡一昼夜，可换水1～2次，然后把水倒掉，将籽实放在容器内，上面盖上一块温布，温度保持在15℃以上，每天早晚用15℃的清水冲洗1次，3天后即可发芽。在开始发芽但尚未盘根以前，最好翻转1～2次，一般经6～7天芽长3～6厘米时即可饲喂。

（5）制粒 就是将配合饲料制成颗粒饲料。羊具有啃咬坚硬食物的特性，这种特性可刺激消化液分泌，增强消化道蠕动，从而提高对食物的消化吸收效率。将配合饲料制成颗粒，可使淀粉熟化；能使大豆、豆饼及谷物中的抗营养因子发生变化，减少对羊的危害；也能保持饲料的均质性，显著提高配合饲料的适口性和消化率，提高生产性能，减少饲料浪费；还便于储存运输，同时有助于减少疾病传播。

四、羊日粮配合技术

1. 日粮配合的意义

传统养羊一般以放牧或者放牧加补饲为主，多以单一饲料或简单几种饲料混合喂羊。在规模化舍饲条件下，羊的饲料基本上由人工供给，以传统的饲喂方法养羊不能满足羊的营养需要，饲料营养不平衡，因此也会影响羊的生产性能。因为任何一种饲料都不可能满足羊不同生理阶段对各种营养物质的所有需要，而只有多种不同营养特点的饲料相互搭配，取长补短，才能克服单一饲料营养不全面的缺陷。

配合饲料就是根据不同品种、生理阶段、生产目的和生产水平等的羊对营养的需要和各种饲料的有效成分含量，把多种饲料按照科学配方配制而成的全价饲料。利用配合饲料喂羊，能最大限度地发挥羊的生产潜力，提高饲料转化率，降低成本，提高效率。

【提示】

虽然羊的全价饲料以营养需要量和饲料营养价值表为科学依据，但是这两方面仍在不断研究和完善过程中。因此，应用现有的资料配制的全价饲料先通过实践检验，根据实际饲养效果因地制宜地做些修正。

2. 日粮配合的一般原则

（1）因羊制宜 要根据羊的不同品种、性别、生理阶段，参照营养标准及饲料成分表进行配制，还要根据实际情况不断调整，不可照搬饲养标准，也不可千篇一律地让所有羊都吃一种料。即使同一品种，不同生理阶段、不同季节的饲料也应有所变化。而同一品种和同一生产阶段，不同生产性能的羊的饲料也应有所不同。

（2）因时制宜 设计配方要根据季节和天气情况而灵活掌握。例如，在农村，夏、秋季节可供应青绿饲料，只要设计混合精饲料补充料即可；而在冬、春季节，青绿饲料缺乏，在设计配方时，应增补维生素，并适当补饲多汁饲料；在多雨季节应适当增加干料；在季节交替时，饲料应逐渐过渡等。

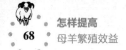

（3）适口性 一组营养较全面而适口性不佳的饲料，也不能说是好饲料。因适口性直接影响羊的采食量。适口性好的饲料，羊爱吃，就可提高饲养效果；如果适口性不好，即使饲料的营养价值很高，也会降低其饲养效果。因此，在设计配方时，应熟悉羊的喜好，选用合适的饲料原料。羊喜吃味甜、微酸、微辣、多汁、香脆的植物性饲料，不爱吃有腥味、干粉状和有其他异味（如霉味）的饲料。

（4）多样性 即"花草花料"，防止单一。羊对营养的需求是多方面的，任何一种饲料都不可能满足羊的所有需要，应该尽量选用多种饲料合理搭配，以实现营养的互补，一般不应少于3种。

（5）廉价性 选择饲料的种类，要立足当地资源。在保证营养全面的前提下，尽量选择当地生产、数量大、来源广、容易获得、成本低的饲料种类。要特别注意开发当地的饲料资源，如农副产品下脚料（酒糟、醋糟、粉渣等）。

（6）安全性 选择任何饲料，都应确保对羊无毒无害，符合安全性的原则。在此强调，青绿饲料及果树叶，要防止被农药污染；有毒饼类（如棉饼、菜籽饼等）先要脱毒处理，在无脱毒或脱毒不彻底的情况下，要限量使用，块根块茎类饲料应无腐烂；其他混合精饲料如玉米、麸皮等应避免受潮发霉；选用药渣时要保证质量，并限量使用，一般在育肥后期停用。

3. 日粮配合的步骤

（1）查羊的饲养标准 根据欲配制饲料的羊的不同生理阶段查相关饲养标准，确定欲配合日粮的羊群的营养需要量，并列出所用饲料的养分含量表。

（2）确定各类粗饲料的喂量 粗饲料是羊日粮的主体，配合日粮时应据当地粗饲料的来源、品质及价格，最大限度地选用粗饲料。一般粗饲料的干物质采食量占体重的2%～3%，或总干物质采食量的70%～80%应来自粗饲料，在粗饲料中最好有2/3为青绿饲料和青贮饲料，实际计算时可按3千克青绿饲料或青贮饲料相当于1千克青干草或干秸秆的比例进行折算。

（3）计算应由精饲料提供的养分量 每天的总营养需要与各类粗饲料所提供的养分之差，需由精饲料来满足。

（4）确定混合精饲料的配合比例及数量 根据经验草拟一个配方，

再按照试差法、十字交叉法或联立方程法对不足或过剩的养分进行调整。

（5）检查、调整与验证 上述步骤完成之后，计算所有饲料提供的各种养分的总和，如果实际提供量与其需要量之比在95%～105%，说明配方合理。如果超出此范围，可按前面所讲的方法，适当调整个别精饲料的用量，以充分满足羊的需要。

（6）计算精饲料补充料配方 求出全日粮型日粮配方后，应求出精饲料补充料的配方，以便生产配合饲料。

4. 羊日粮配方设计示例

用青贮玉米、干燥牧草、玉米、高粱等为体重平均在25～30千克的育成及空怀母羊配合日粮。

（1）查饲养标准 列出羊相关生理阶段的营养需要量和拟用饲料的养分含量，见表5-1、表5-2。

表5-1 育成及空怀母羊营养需要

体重/千克	风干饲料/千克	消化能/兆焦	粗蛋白质/克	钙/克	磷/克	食盐/克
25～30	1.2	13.4	90	4	3	8

表5-2 拟用饲料的养分含量

饲料名称	饲料干物质含量（%）	消化能/（兆焦/千克）	粗蛋白质（%）	钙（%）	磷（%）	食盐（%）
干燥牧草	85.2	9.22	8	0.48	0.36	—
青贮玉米	22.7	9.9	7	0.44	0.26	—
玉米	88.4	16.36	9.7	0.09	0.24	—
高粱	89.3	15.04	9.7	0.10	0.41	—
食盐	100	—	—	—	—	100

（2）确定各类粗饲料的喂量 干燥牧草干物质占饲喂总干物质的1/4，即1.2千克×（1/4）=0.3千克，青贮饲料占一半，即1.2千克×（1/2）=0.6千克。

（3）计算粗饲料可提供的养分量和应由精饲料补充的养分量 根据表5-2中两种粗饲料的养分含量与饲料干物质供应量（干燥牧草干物质0.3千克、青贮玉米干物质0.6千克），计算出粗饲料可提供的养分量，见表5-3。

表 5-3　粗饲料已供养分量及需要由精饲料补充的养分量

项　　目	饲料干物质供应量/千克	消化能/兆焦	粗蛋白质/克	钙/克	磷/克
总需要量	1.2	13.4	90	4	3
干燥牧草	0.3	2.8	24	1.44	1.08
青贮玉米	0.6	5.9	42	2.64	1.56
粗饲料之和	0.9	8.7	66	4.08	2.64
应由精饲料补充①	0.3	4.7	24	0.08	0.36

① 养分总需要量与已供养分量之差，即为应由精饲料补充的养分量。

(4) 初步拟定一个精饲料补充料配方并检查、调整、验证　根据经验，先初步拟定一个精饲料补充料配方。假设基本精饲料含玉米 71%、高粱 26.5%、食盐 2.5%，将其按表 5-2 中的数据代入，求各精饲料的供量（即上述比例与 0.3 千克总精饲料干物质的供量之积）和精饲料可供养分量（精饲料供量与养分含量之积），与应由精饲料补充的养分量进行对比，检验余缺，见表 5-4。从表中可看出，粗蛋白质余 4.4 克，在允许范围内（95%～105%）；钙磷比例为 4.35∶3.47，在（1～2）∶1 的范围内；消化能和食盐与标准平衡。

表 5-4　初拟精饲料养分供应量

项　　目	饲料干物质含量/千克	消化能/兆焦	粗蛋白质/克	钙/克	磷/克	食盐/克
玉米	0.213	3.5	20.7	0.19	0.51	0
高粱	0.079	1.2	7.7	0.08	0.32	0
食盐	0.008	—	—	—	—	8
合计	0.3	4.7	28.4	0.27	0.83	8
应由精饲料补充	0.3	4.7	24	0.08	0.36	8
余缺	0	0	4.4	0.35	0.47	0

(5) 计算精饲料补充料配方　为了便于实际饲喂和生产精饲料补充料，应将上述各种饲料的干物质喂量换算成饲养状态时的喂量（干物质量/饲喂状态时的干物质含量），并计算出精饲料补充料的配合比例。为了补偿饲喂和采食过程中的浪费，一般按设计量多提供 10% 的粗饲料，

即每天每只分别投喂0.385千克干燥牧草和2.9千克青贮玉米。精饲料补充料可按表5-5中的比例进行配制，投喂量为0.337千克（饲喂各种精饲料之和）。本日粮中的精饲料为0.3千克，粗饲料为0.9千克，日粮精粗比例为1:3。至此，该日粮的配合工作已全部完成。

表5-5　日粮组成

项　目	采食量/千克（干物质）	采食量/千克（饲喂状态）	精饲料组成（%）
干燥牧草	0.3	0.35	—
青贮玉米	0.6	2.64	—
玉米	0.213	0.241	71
高粱	0.079	0.088	26.5
食盐	0.008	0.008	2.5

五、羊全混合日粮技术

1. 全混合日粮（TMR）的概念

TMR是全混合日粮英文名称的缩写，是指根据饲料配方，将各原料成分均匀混合而成的一种营养均衡的日粮。羊TMR技术是一种将粗饲料、精饲料、矿物质、维生素和其他添加剂充分混合，能够提供足够的营养以满足羊需要的饲养技术。TMR技术在相应的配套技术措施和性能优良的TMR机械的基础上能够保证羊采食的每一口日粮都是精粗比例稳定、营养浓度一致的全价日粮。全混合日粮能为羊提供全面稳定的营养，更有利于羊生产水平的提高。

2. TMR常见配方

羊TMR的配制需根据所饲喂羊的营养需要，首先满足粗饲料的饲喂量，先选用几种主要的粗饲料，如青干草或青贮料；再确定补充饲料的种类和数量，一般是用混合精饲料来满足日粮中能量和蛋白质的不足部分；最后用矿物质平衡日粮中钙、磷等元素的需要量。

在实际生产中，青贮饲料和农作物秸秆仍是羊的主要粗饲料来源，本部分将介绍以青贮玉米和农作物秸秆为主要粗饲料的TMR常见配方。

（1）以青贮玉米为主要粗饲料来源的羊TMR配方　配方见表5-6、表5-7。

表 5-6　育肥绵羊全混合日粮推荐配方

项目		含量	项目		含量
原料	玉米	11.4%	营养成分	干物质	44.3%
	菜粕	3.3%		消化能	13.73 兆焦/千克
	麸皮	2.8%		粗蛋白质	16.7%
	青贮玉米	70%		钙	0.96%
	干花生藤	5%		磷	0.60%
	油菜秆	6%		食盐	0.50%
	尿素	0.5%			
	预混料	1%			

表 5-7　育肥山羊全混合日粮推荐配方

项目		含量	项目		含量
原料	玉米	12%	营养成分	干物质	45.5%
	菜粕	4.5%		消化能	14.52 兆焦/千克
	麸皮	3%		粗蛋白质	13.2%
	青贮玉米	68%		钙	1.10%
	干花生藤	4.5%		磷	0.64%
	油菜秆	7%		食盐	0.60%
	预混料	1%			

（2）以农作物秸秆为主要粗饲料来源的羊 TMR 配方　配方见表5-8～表5-13。

表 5-8　育肥山羊全混合日粮推荐配方

项目		含量	项目		含量
原料	玉米	31%	营养成分	干物质	86.9%
	菜籽饼	10%		消化能	10.80 兆焦/千克
	花生藤	30%		粗蛋白质	11.8%
	油菜秆	15%		钙	1.73%
	谷壳	10%		磷	0.80%
	预混料	1%		食盐	0.55%
	磷酸氢钙	2.5%			
	食盐	0.5%			

表 5-9　妊娠山羊全混合日粮推荐配方

项　目		含　量	项　目		含　量
原料	玉米	28%	营养成分	干物质	87.2%
	菜籽饼	14%		消化能	10.84 兆焦/千克
	花生藤	28%		粗蛋白质	12.1%
	油菜秆	17%		钙	1.45%
	谷壳	10%		磷	0.62%
	预混料	1%		食盐	0.55%
	磷酸氢钙	1.5%			
	食盐	0.5%			

表 5-10　泌乳山羊全混合日粮推荐配方

项　目		含　量	项　目		含　量
原料	玉米	32%	营养成分	干物质	87.2%
	豆粕	11.4%		消化能	11.89 兆焦/千克
	菜籽饼	8%		粗蛋白质	14.8%
	花生藤	24%		钙	1.42%
	油菜秆	15%		磷	0.76%
	谷壳	6%		食盐	0.55%
	预混料	1%			
	磷酸氢钙	2.1%			
	食盐	0.5%			

表 5-11　育肥绵羊全混合日粮推荐配方

项　目		含　量	项　目		含　量
原料	玉米	24%	营养成分	干物质	86.5%
	豆粕	4.8%		消化能	10.42 兆焦/千克
	菜粕	6.2%		粗蛋白质	15.77%
	麸皮	4%		钙	1.81%
	花生壳	10%		磷	0.82%
	花生藤	32%		食盐	0.54%
	小麦秆	14%			
	尿素	1%			
	预混料	1%			
	磷酸氢钙	2.5%			
	食盐	0.5%			

表 5-12　妊娠绵羊全混合日粮推荐配方

项目		含量	项目		含量
原料	玉米	24%	营养成分	干物质	85.3%
	豆粕	9%			
	棉粕	2%		消化能	10.34 兆焦/千克
	麸皮	4%			
	花生藤	40%		粗蛋白质	15.73%
	谷壳	8%			
	小麦秆	9%		钙	1.95%
	尿素	1%			
	预混料	1%		磷	0.64%
	磷酸氢钙	1.5%			
	食盐	0.5%		食盐	0.54%

表 5-13　泌乳绵羊全混合日粮推荐配方

项目		含量	项目		含量
原料	玉米	24%	营养成分	干物质	86.1
	豆粕	3.7%			
	棉粕	4.5%		消化能	11.05 兆焦/千克
	麸皮	5.2%			
	花生藤	36%		粗蛋白质	15.98
	玉米秸	22%			
	尿素	1%		钙	1.68
	预混料	1%		磷	0.72
	磷酸氢钙	2.1%			
	食盐	0.5%		食盐	0.54

（3）TMR 加工工艺　在生产加工 TMR 时，需要使用 TMR 搅拌设备对各组成成分进行切割、揉搓和搅拌，使粗饲料、精饲料、微量元素按羊不同饲养阶段的营养需要充分混合。

1）普通 TMR 加工方法。首先对原料进行预处理，如大型草捆应提前散开，牧草应铡短，块根类应冲洗干净，部分种类的秸秆应在水池中

预先浸泡软化等。在进行 TMR 原料添加时应遵循先干后湿、先粗后细、先轻后重、先长后短的原则，添加顺序一般依次是干草、精饲料、辅助饲料、青贮饲料、湿糟渣类饲料等；一般情况下，最后一种饲料加入后搅拌 5～8 分钟即可，一个工作循环总用时为 20～40 分钟。添加过程中，应防止铁器、石块、包装绳等杂质混入，造成搅拌机损伤。通常装载量以占总容积的 70%～80% 为宜。

2）TMR 颗粒饲料的加工方法。可将干秸秆用饲草粉碎机或秸秆粉碎机粉碎（粉碎机筛板孔径以 4 毫米为宜），再将秸秆粉与精饲料及添加剂等混合均匀，通过制粒机制成颗粒饲料。推荐制粒粒径：羔羊料 4 毫米，育肥及成年羊料 6 毫米。也可将营养高的饲草和秸秆直接加工成草颗粒使用。

若羊场未配备全混合日粮搅拌设备，可用人工进行全混合日粮配合。操作方法为：选择平坦、宽阔、清洁的水泥地，将每天或每吨的青贮饲料（秸秆）均匀摊开，然后将所需精饲料均匀撒在青贮饲料上面，再将已切短的干草摊放在精饲料上面，最后将剩余的少量青贮饲料撒在干草上面；适当加水喷湿；人工上下翻折，直至混合均匀。如果饲料量大，也可用混凝土搅拌机代替人工。

（4）TMR 饲喂方法 肉羊分群技术是实现 TMR 定量饲喂工艺的核心，分群的数目视羊群的生产阶段、羊群大小和现有的设施设备而定。分群时需要注意以下几方面：

1）保证每圈羊的大小、体重相差不要太大。个体大小、体重悬殊容易造成激烈打斗、争抢、欺负等现象，明显影响羊的生长速度和生长潜能的正常发挥。羊群密度不宜过疏或过密。过于疏散，羊运动量大，消耗体能也多，从而影响羊的生长速率；过于密集，会导致拥挤，空气流动性差，引发羊的眼疾病和呼吸道疾病，从而影响羊的正常生长。

2）做好 TMR 水分监测。原料水分是决定 TMR 饲喂成败的重要因素之一，每周至少监测 1 次原料水分。一般 TMR 水分含量以 35%～45% 为宜，过干或过湿都会影响羊群干物质的采食量。在实际生产中，可用手握法初步判定 TMR 水分含量是否符合标准：用手紧握不滴水，松开手后 TMR 蓬松且较快复原，手上湿润但没有水珠渗出则表明含水量适宜。

3）控制饲料投放时间间隔。使用全混合颗粒饲料喂羊时，要注意投料的时间间隔，2 餐喂料的时间不能间隔过长，以免羊因长时间饥饿后出现短时间过度采食而伤胃或胀死。

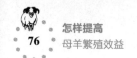

第二节 羊饲料的青贮及加工技术

一、饲料青贮的特点与生物学原理

饲料青贮是调制储藏青绿饲料和秸秆饲草的有效技术手段。用青贮饲料喂羊，一年四季都能使羊采食到青绿多汁的饲草，可使羊群长年保持高水平的营养状况和最高的生产力。农区采用青贮，可以更合理地利用大量秸秆；牧区采用青贮，可以更合理地利用天然草场资源。采用青贮饲料，摆脱了完全“靠天养羊”的困境，因为它可以保证羊群全年都有均衡的营养物质供应，是实现高效养羊生产的重要技术。

1. 饲料青贮的特点

(1) 饲料青贮能有效地保存青绿植物的营养成分 如蛋白质和维生素等。一般青绿植物在成熟或晒干后，营养价值降低30%~50%，但经过青贮处理后，营养价值只降低3%~10%。

(2) 青贮能保持原料的鲜嫩汁液 干草含水量只有14%~17%，而青贮饲料的含水量为60%~70%，适口性好，消化率高。

(3) 青贮饲料可以扩大饲料来源 一些优质的饲料，羊并不喜欢采食，或不能利用，而经过青贮发酵，就可以变成羊喜欢采食的优质饲草，如向日葵、玉米秸等适口性稍差的饲料，青贮后不仅可以提高适口性，也可软化秸秆，增加可食部分，提高饲草的利用率和消化率。苜蓿青贮后，大大提高了利用率，减少了粉碎时的抛洒浪费和机械、人力的需求，还可以将叶片保留下来，提高可食比例，对羊的适口性也有显著提高。

(4) 青贮是保存和储藏饲料的经济且安全的方法 青贮饲料占地面积小，每立方米可堆积青贮饲料450~700千克（干物质150千克）。若改为干草堆放则只能达到70千克（干物质60千克）。只要制作青贮的技术得当，青贮饲料可以长期保存，既不会因风吹日晒引起变质，也不会发生火灾等意外事故。例如，采用窖贮甘薯、胡萝卜、饲用甜菜等块根类青绿饲料，一般能保存几个月，而采用青贮方法则可以长期保存，既简单又安全。

(5) 青贮能起到杀菌、杀虫和消灭杂草种子的作用 除厌氧菌属外，其他菌属均不能在青贮饲料中存活，各种植物寄生虫及杂草种子在青贮过程也被杀死或破坏。

(6) 发酵、脱毒 青贮处理可以将菜籽饼、棉饼、棉秆等植物及加

工副产品的毒性物质脱毒，使羊能安全食用。采用青贮玉米秸秆与这些饲草混合储藏的方法，可以使其有效地脱毒，提高利用效率。

(7) 青贮饲草是合理配合日粮及高效利用饲料资源的基础 在高效养羊生产体系中，要求饲料合理配合与高效利用。日粮中有60%~70%是经青贮加工的饲料，采用青贮处理后，羊饲料中绝大部分的饲料品质得到了有效控制，也有利于按配方、按需要和按生产性能供给全价日粮。饲料青贮后，既能大大降低饲料成本，也能满足养羊生产的营养需要。

2. 饲料青贮的生物学原理

(1) 青贮饲料的制作原理 青贮是在缺氧环境下，让乳酸菌大量繁殖，将饲料中的淀粉和可溶性糖变成乳酸，当乳酸积累到一定浓度后，抑制腐败菌等杂菌生长，从而将青贮饲料的营养物质长时间保存下来。

青贮主要依靠厌氧乳酸菌的发酵作用完成，其过程大致可分为3个阶段：

第一阶段为有氧呼吸阶段，约3天。在青贮饲料制作过程中原料本身有呼吸作用，以氧气为生存条件的菌类和微生物尚能生存，但由于压实、密封，氧因含量有限而很快被消耗完。

第二阶段为无氧发酵阶段，约10天。乳酸菌在有氧情况下惰性很大，而在无氧条件下非常活跃，此时产生大量的乳酸菌，使青贮饲料不霉烂变质。

第三阶段为稳定期。乳酸菌发酵，其他菌类被杀死或完全抑制，进入青贮饲料的稳定期。此时青贮饲料的pH为3.8~4.0。

【提示】

青贮成败的关键在于能否为乳酸菌创造一定的条件，保证乳酸菌迅速繁殖，形成有利于乳酸菌的发酵环境，排除有害的腐败过程的发生和发展。

(2) 乳酸菌大量繁衍应具备的条件

1）青贮饲料要有一定的含糖量。用含糖量多的原料，如玉米秸秆和禾本科青草制作青贮饲料较好。若对含糖量少的原料进行青贮，则必须考虑添加一定量的糖源。

2）原料的含水量适当。原料中含水量以65%~75%为宜，过多或过少都将影响微生物的繁殖，必须加以调整。

3）温度适宜。制作青贮的温度一般以19~37℃为佳，所以尽可能在秋季进行，天气寒冷时的效果较差。

4）高度缺氧。将原料压实、密封、排除空气，以造成高度缺氧环境。

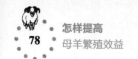

二、青贮原料

青贮饲料的来源十分广泛，包括天然牧草、人工栽培饲草、叶菜类、根茎类、水生植物类、农作物秸秆、树叶类等植物性饲料，具有成本低、易收集、易加工、营养比较全面等特点。

1. 青贮原料应具备的条件

调制青贮饲料时必须设法创造有利于乳酸菌生长繁殖的条件，即原料应具有一定的含糖量、适宜的含水量、一定的缓冲能力及厌氧环境，使之尽快产生乳酸。

（1）适宜的含糖量 适宜的含糖量是乳酸菌发酵的物质基础，直接影响青贮效果的好坏。一般而言，作物秸秆的干物质含糖量超过6%方可制成优质青贮饲料，含糖量过低时（低于2%）则制不成优质青贮饲料。含糖量的高低因青贮原料不同而有差异，如玉米、高粱秸秆、禾本科牧草、南瓜、甘蓝等饲料含有较丰富的糖分，易于青贮，可以制作单一青贮；而苜蓿、三叶草等豆科牧草含糖量较低，不宜单独青贮，可与禾本科牧草按一定比例混贮，也可在青贮时添加3%~5%的玉米粉、麸皮或者米糠，以增加含糖量。在对豆科植株进行青贮时，一般选择盛花期刈割并与禾本科植株混合或加入10%~20%的米糠混合青贮。一些青贮原料的含糖量见表5-14。

表5-14 一些青贮原料的含糖量

饲料		青贮的pH	含糖量（%）	饲料		青贮的pH	含糖量（%）
易于青贮的原料	玉米植株	3.5	26.8	不易青贮的原料	草木樨	6.6	4.5
	高粱植株	4.2	20.6		箭舌豌豆	5.8	3.62
	魔芋植株	4.1	19.1		紫花苜蓿	6.0	3.72
	向日葵植株	3.9	10.9		马铃薯茎叶	5.4	8.53
	胡萝卜茎叶	4.2	16.8		黄瓜蔓	5.5	6.76
	饲用甘蓝	3.9	24.9		西瓜蔓	6.5	7.38
	芜菁	3.8	15.3		南瓜蔓	7.8	7.03

（2）适宜的含水量 原料适宜的水分是保证青贮过程中乳酸菌正常活动的重要条件之一，水分过高或过低都会影响发酵过程和青贮料的品质。水分过多，容易腐烂，且渗出液多，养分损失大；水分过低，会直接抑制微生物发酵，且由于空气难以排净，易引起霉变。一般来说，最适于乳酸菌繁殖的青贮原料水分含量为65%~75%。

【提示】

判断青贮原料水分含量的简单方法是，将切碎的原料紧握手中，然后手自然松开，若仍保持球状，手有湿印，其水分含量在68%~75%；若草球慢慢膨胀，手上无湿印，其水分含量在60%~67%，适于豆科牧草青贮；若手松开后，草球立即膨胀，其水分含量在60%以下，只适于幼嫩牧草低水分青贮。

（3）青贮原料的缓冲能力 缓冲能力的高低将直接影响青贮发酵的品质，缓冲能力越高，pH下降越慢，则发酵越慢，营养物质损失越多，青贮料品质也就越差。

一般认为，原料的缓冲能力与粗蛋白质含量有关，二者成正比关系。不同生长时期，不同草种的缓冲能力不同，如豆科牧草、多花黑麦草、鸭茅等草类的缓冲能力较玉米、高粱等饲料作物强。苜蓿是豆科牧草的代表，其可溶性碳水化合物含量低，蛋白质含量高，缓冲能力高，发酵时不易形成低pH状态，这样对蛋白质有强分解作用的梭菌将氨基酸通过脱氨或脱羧作用形成氨，对糖类有强分解作用的梭菌降解乳酸生成具有腐臭味的丁酸、二氧化碳和水，青贮难以成功。苜蓿青贮时，通常添加一些富含糖类的物质如禾本科牧草，进行混合青贮。

2. 各类饲料青贮后的营养特点

（1）青贮后青绿饲料的营养特点 与其他饲料相比，青贮后青绿饲料中的含水量高（60%以上），富含多种维生素和无机盐。此外，还含有1%~3%的蛋白质和大量的无氮浸出物。该种饲料的特点是青绿多汁，柔软，适口性强，消化率高，羊采食后的消化率可达85%左右。

（2）青贮后秸秆饲料的营养特点 秸秆是青贮的重要原料，主要由茎秆和经过脱粒后剩下的叶片组成，包括玉米秸、稻草、麦秸、高粱秸和谷草等。以玉米秸为例，玉米秸青贮后，胡萝卜素含量较高，每千克秸秆中的含量为3~7毫克，羊对其的消化率为65%。

（3）青贮后树叶类饲草的营养特点 树叶属于粗饲料，外观虽硬，但营养成分全面，青嫩鲜叶很易被羊消化，远优于秸秆和荚壳类饲料。

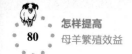

三、青贮设施

1. 青贮设施的要求

青贮的场址宜选择土质坚硬、地势干燥、地下水位低、靠近羊舍、远离水源和粪坑的地方。青贮设施的种类很多，但常用的有青贮窖、青贮塔和青贮壕。无论哪一种青贮设施，其基本的要求都是：

（1）不透气 这是调制优良青贮饲料的首要条件。无论用哪种材料建造青贮设施，必须做到严密不透气。可用石灰、水泥等防水材料填充和抹青贮窖、壕壁的缝隙，如果能在壁内衬一层塑料薄膜则更好。

（2）不透水 青贮设施不要靠近水塘、粪池，以免污水渗入。地下或半地下式青贮设施的底面，必须高于地下水位（约 0.5 米），在青贮设施的周围挖好排水沟，以防地面水流入。若有水浸入，会使青贮饲料腐败。

（3）墙壁要平直 青贮设施的墙壁要平滑垂直，墙角要圆滑，这会有利于青贮饲料的下沉和压实。下宽上窄或上宽下窄都会阻碍青贮饲料下沉，或形成缝隙，造成青贮饲料霉变。

（4）要有一定的深度 青贮设施的宽度或直径一般应小于深度，宽∶深为 1∶1.5 或 1∶2，以利于青贮饲料借助本身重力而压得紧实，减少空气，保证青贮饲料质量。

2. 常见青贮设施类型

（1）青贮窖 青贮窖有地下式圆形、地下式方形、地上式和半地下式 4 种，见图 5-1 ~ 图 5-4。

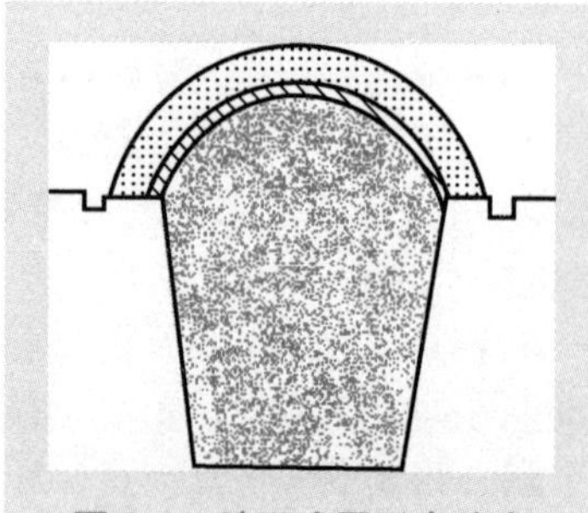

图 5-1 地下式圆形青贮窖

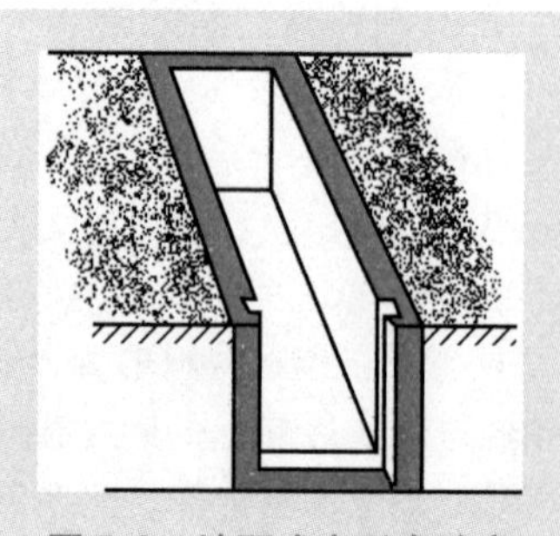

图 5-2 地下式方形青贮窖

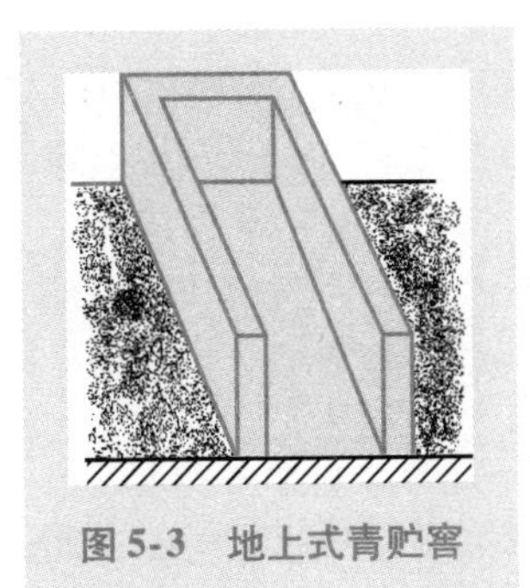
图 5-3　地上式青贮窖

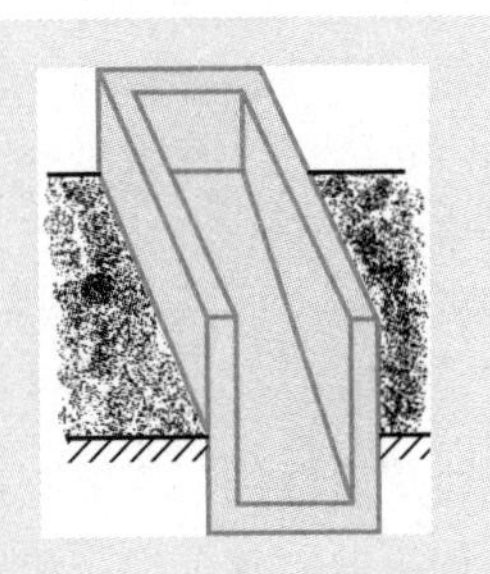
图 5-4　半地下式青贮窖

地下式青贮窖适于地下水位较低，土质较好的地区；半地下式青贮窖适于地下水位较高或土质较差的地区。青贮窖的形状及大小应根据羊的数量、青贮料饲喂时间长短及原料的多少而定。青贮窖周壁用砖石砌成。长方形窖的四角砌成半圆形，用三合土或水泥抹面，做到坚实耐用、内壁光滑、不透气、不透水。同样容积的窖，四壁面积越小，储藏损失越少。

（2）塑料袋青贮　塑料袋青贮是近年来国内外广泛采用的一种新型青贮设施，其优点是省工、投资少、操作简便、容易掌握、储存地方灵活。小型袋宽一般为 50 厘米、长 80～120 厘米，每袋装 40～50 千克。青贮袋有两种装贮方式：一种是将切碎的青贮原料装入用塑料薄膜制成的青贮袋内，装满后用真空泵抽空密封，放在干燥的野外或室内；第二种是用打捆机将青绿牧草打成草捆，装入塑料袋内密封，置于野外发酵。青贮袋由双层塑料制成，外层为白色，内层为黑色，白色可反射阳光，黑色可抵抗紫外线对饲料的破坏作用。

（3）伸拉膜打包青贮　伸拉膜打包青贮是指新鲜牧草收割后，用捆包机高密度压实打捆，然后用青贮塑料拉伸膜包裹起来，形成厌氧发酵环境，经 3～6 周完成乳酸发酵的生物化学过程，促进乳酸菌生长繁殖和乳酸的产生，最终使牧草营养和品质得到长期保护的方法（图 5-5）。目前，伸拉膜打包青贮在许多畜牧业发达国家得到广泛应用。德国是广泛应用这一技术的国家之一，并且取得了很好的效果，

图 5-5　伸拉膜打包青贮

在德国有20%的牧草青贮采用伸拉膜打包，而且每年以15%的速度增长。目前，我国也有许多地方开始使用伸拉膜打包青贮（彩图19）。

伸拉膜打包青贮的优点主要在于能创造可控制的厌氧发酵环境，生产高营养的青贮饲料并能长期稳定保存，可在野外堆放保存1~2年；牧草经伸拉膜打包青贮后适口性好、营养价值高、易消化，动物采食后可促进生产性能提高，能减少牧草变质和营养物质流失；能减少收获期间天气变化对牧草质量的影响；有利于运输和销售；与青贮窖、青贮塔等青贮方法比较，可以减少投入和占地，不需修建昂贵的青贮窖、青贮塔等设施，从而降低储存的成本；还可以防止积水与青贮液体渗流到地下。

3. 青贮设施的选择

（1）青贮设施的大小 青贮设施的大小应适中。一般而言，青贮设施越大，原料的损耗就越少，质量就越好（表5-15）。在实际应用中，要考虑到饲养羊的数量，每天由青贮窖内取出的饲料厚度不少于10厘米。同时，必须考虑如何防止窖内饲料的二次发酵。

表5-15 青贮窖大小与青贮品质的关系

项目	小型窖（500千克）	中型窖（2000千克）	大型窖（20000千克）
1米^{3}容量比	79	96	100
最高发酵温度/℃	17.0	21.9	22.0
窖内氢离子浓度/(微摩尔/升)	50	63	79.0
乳酸（%）	0.30	0.14	0
干物质消化率（%）	67.9	71.0	73.0

（2）青贮设施的形状 依羊数量确定。原则上是原料少时做成圆形窖，原料多时做成长方形窖。

（3）青贮设施的容量 青贮饲料容重估计，见表5-16。

表5-16 青贮饲料容重估计 （单位：千克/米^3）

青贮原料种类	青贮饲料容重
全株玉米、向日葵	500~550
玉米秸	450~500
甘薯藤	700~750

（续）

青贮原料种类	青贮饲料容重
萝卜叶、芜菁叶	600
叶菜类	800
牧草、野草	600

1）圆形青贮窖储藏量的计算。其公式如下：

圆形窖储藏量(千克)=(半径)^2×圆周率×高度×青贮单位体积质量

例如：某一养羊专业户，饲养奶山羊25~30只，全年均衡饲喂青贮饲料，辅以部分精饲料和干草。每天需喂多少青贮饲料？全年共需多少青贮饲料？应修建何种形式的青贮设施及设施储藏量大小为多少？

按每只羊每天平均饲喂2.5千克青贮饲料计，1只羊1年需青贮饲料912.5千克。

全群全年共需青贮饲料量=(25~30)×2.5千克×365
=22812.5~27375千克
=22.8~27.4吨

若修建2个圆形青贮窖，直径为3米，深3米。

青贮窖体积=1.5米×1.5米×3.14×3米=21.195米^3

每立方米青贮饲料质量按500~700千克计算，则每个窖储存饲料量=21.195米^3×(500~700)千克/米^3=10.60~14.84吨

2）长方形窖储藏量的计算。其公式如下：

长方形窖储藏量（千克）=长度×宽度×高度×青贮饲料单位体积质量

例如：某羊场饲养300只生产母羊，全年均衡饲喂青贮饲料，辅以部分精饲料和干草。每天全群需喂多少青贮饲料？共需多少青贮饲料？修建何种形式的青贮设施？设施体积如何，储藏量是多少？

按每只羊每天2.5~3.0千克青贮饲料的饲喂量计，每只羊每年需912.5~1095千克，全群每天需青贮饲料750~900千克。

全群全年需青贮饲料量=300×(2.5~3.0)千克×365=273.75~328.5吨

若将青贮窖修建成长方形，宽、深、长分别为7米、4米、35米。

青贮窖体积=7米×4米×35米=980米^3

每立方米青贮饲料质量按500~700千克计算，则青贮窖的饲料储藏量=980米^3×(500~700)千克/米^3=490~686吨。

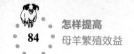

四、青贮方法

1. 青贮饲料的制作工艺流程

（1）全机械化作业的工艺流程 全机械化作业工艺流程见图 5-6。

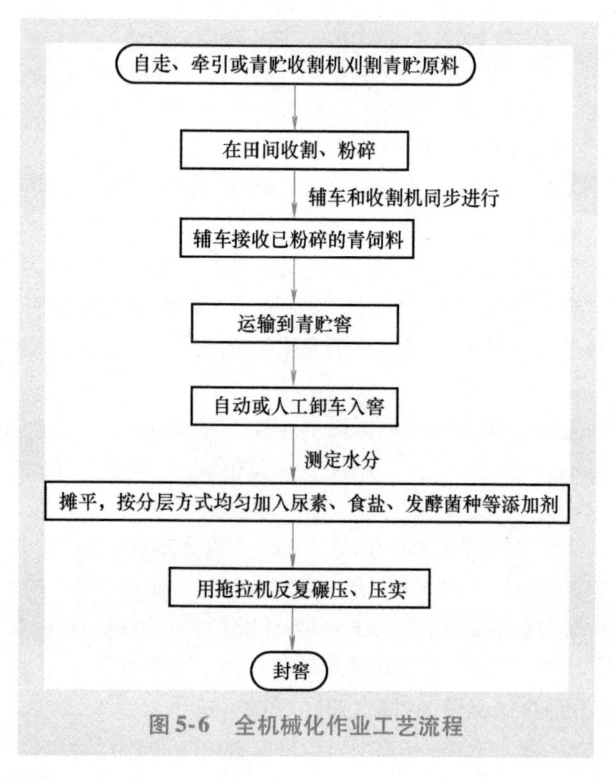

图 5-6 全机械化作业工艺流程

（2）半机械化作业的工艺流程 半机械化作业工艺流程见图 5-7。

2. 一般的青贮方法

（1）选择好青贮原料 选择在植物原料适当的成熟阶段进行收割，尽量减少太阳暴晒或雨淋，避免堆积发热，保证原料新鲜和青绿。

（2）清理好青贮设施 已用过的青贮设施，在重新使用前必须将设施中的脏土和剩余的饲料清理干净，有破损处应加以维修。

（3）适度切碎青贮原料 羊用的原料，一般切成 2 厘米以下的小段为宜，以利于压实和以后羊的采食。

（4）控制原料水分 大多数青贮作物，青贮时的含水量以 60%～70% 为宜。新鲜青草和豆科牧草的含水量一般为 75%～80%，拉运前要适当晾晒，待水分降低10%～15%后才能进行青贮。

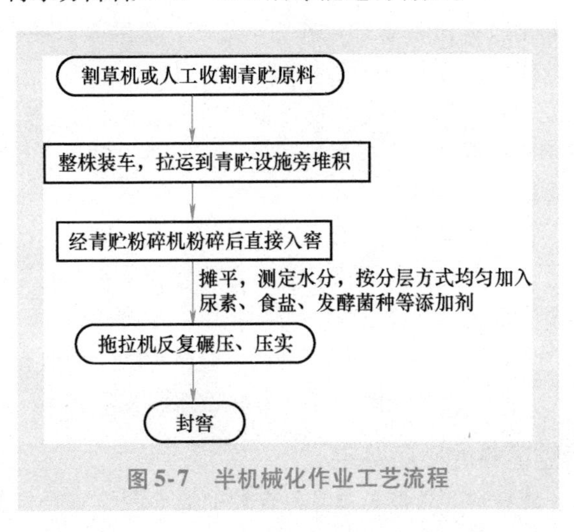

图 5-7　半机械化作业工艺流程

当原料水分过多时，加入适量干草粉、秸秆粉等含水量少的原料，调节其水分至合适程度。当原料水分含量较低时，可将新割的鲜嫩青草交替装填入窖，混合储存，或加入适量的清水。

（5）青贮原料的快装与压实　一旦开始装填青贮原料，速度要快，尽可能在2～4天内结束，并及时封顶。装填时，应在20厘米时一层一层地铺平，加入尿素等添加剂，并用拖拉机碾压或人力踩踏压实（彩图20）。

（6）封窖和覆盖　装满青贮原料并压实后，必须尽快密封和覆盖窖顶，以隔断空气，抑制好氧微生物的发酵。覆盖时，先在一层细软的青草或青贮原料上覆盖塑料薄膜，而后堆土30～40厘米，用拖拉机压实。

【注意】

在利用拖拉机碾压时要特别注意避免将拖拉机上的泥土、油污、金属等杂物带入窖内。另外，用拖拉机压过的边角仍需人工再踩一遍，防止漏气。

3. 防止青贮饲料二次发酵

青贮饲料的二次发酵，又称好氧性腐败。在温暖季节开启青贮窖后，空气随之进入，好氧微生物开始大量繁殖，出现好氧性腐败，青贮饲料中养分遭受大量损失，还会产生大量的热。为避免二次发酵所造成的损失，应采取以下技术措施：

(1) 适时收割青贮原料　如果以玉米秸秆为主要原料，则含水量不超过70%，霜前收割进行青贮。若霜后进行，乳酸发酵就会受到抑制，青贮中总酸量减少，开窖后易发生二次发酵。

(2) 切短原料　所用的原料应尽量切短，这样才能压实。

(3) 装填快、密封严　应尽量缩短装填原料的时间，封窖前切实压实，用塑料薄膜封顶，确保严密。

(4) 计算青贮窖需要量，合理安排日取出量　修建青贮设施时，应根据日常用量计算青贮窖的体积，缩小青贮窖的体积，或用塑料薄膜将大窖分隔成若干小区，分区取料。

(5) 添加甲酸、丙酸、乙酸等物质　应将甲酸、丙酸和乙酸等喷洒在青贮饲料上，防止二次发酵，也可用甲醛、氨水等处理。

五、青贮饲料的品质鉴定

用玉米、向日葵等含糖量高且易青贮的原料制作青贮饲料，只要方法正确，2~3周后就能制成，并且很优质，而不易青贮的原料需要2~3个月才能完成。饲用之前，或在使用过程中，应对青贮饲料的品质进行鉴定。

1. 青贮饲料的样品采取

(1) 青贮窖或塔中样品的采取

1）取样部位。以青贮窖或塔中心为圆心，由圆心到距离墙壁33~55厘米处为半径，画一圆周，然后从圆心及互相垂直并直接与圆圈相交的各点上采样。

2）取样方法。用锐刀切取约20厘米^{2}的青贮样块，切忌掏取样品。取样要均匀，取样时沿青贮窖或塔的整个表面均匀、分层取样。冬天取出一层的厚度为5~6厘米，温暖季节取出一层的厚度为8~10厘米。

(2) 青贮壕中样品的采取　与青贮窖或塔内取样的方法不同，不清除壕面上的全部覆盖物，而是先从壕的一端开始，清除覆盖物，自上而下分点采样。

2. 青贮饲料的品质鉴定方法

(1) 感观鉴定　在养殖场等现场，一般可采用感观鉴定方法来鉴定青贮饲料的品质，多采用气味、颜色和结构3项指标。

1）颜色。品质良好的青贮饲料呈青绿色或黄绿色，品质低劣的青贮饲料多为褐色、黑色（彩图21）。

【注意】

当发现青贮饲料与青贮原料原来的颜色有明显差异时，不宜饲喂羊。

2）气味。鉴定标准见表5-17。

表5-17 青贮饲料的气味鉴定标准

气味	评定结果	可喂饲的家畜
具有芳香味，略有醇酒味，给人以舒适的感觉	品质良好	各种家畜
香味极淡或没有，具有强烈的醋酸味	品质中等	除妊娠家畜、幼畜和马匹外，可喂其他牲畜
具有一种特殊臭味，腐败发霉	品质低劣	不适宜喂任何家畜，洗涤后也不能饲用

3）结构。其鉴定标准见表5-18。品质良好的青贮饲料压得很紧密，但拿到手上又很松散；质地柔软，略带湿润。若青贮饲料黏结成一团好像一块污泥，则是品质低劣的青贮饲料。这种腐烂的饲料不能饲喂羊。

表5-18 青贮饲料的结构鉴定标准

评定结果	结构
品质良好	柔软、稍湿润
品质中等	柔软、稍干或水分较多
品质低劣	干燥松散或黏结成块

（2）实验室鉴定

1）试剂及其配制。

① 青贮饲料指示剂A+B的混合液。A液：溴代麝香草酚蓝0.1克+氢氧化钠（0.05摩尔/升）3毫升+水250毫升。B液：甲基红0.1克+乙醇（95%）60毫升+水190毫升。

② 盐酸、乙醇、乙醚混合液。相对密度为1.19的盐酸、95%乙醇、乙醚混合的体积比为1∶3∶1。

③ 硝酸。

④ 3%硝酸银溶液。

⑤ 盐酸溶液（1∶3 稀释）。

⑥ 10% 氧化钡溶液。

2）鉴定方法。采用青贮饲料酸度测定法。取 400 毫升烧杯加半杯青贮饲料，注入蒸馏水浸没青贮饲料样品，不断用玻璃棒搅拌 15～20 分钟后，用滤纸过滤。

将 2 滴滤液滴在点滴板上，加入青贮饲料指示剂，或将 2 毫升滤液注入试管中，加 2 滴指示剂。指示剂可在氢离子浓度为 1～158 微摩尔/升（pH 为 3. 8～6. 0）的范围内表现不同的颜色，其评级标准见表 5-19。

表 5-19　青贮饲料的实验室鉴定标准

指示剂颜色	青贮饲料得分
红	5
橙红	4
橙	3
黄绿	2
黄	1
绿	0
蓝绿	0

3. 青贮饲料在养羊生产中的应用及注意事项

（1）青贮饲料在养羊生产中的应用　对于母羊而言，哺乳羔羊需要采食大量的优质饲草来满足其产奶需要，尤其是对青绿饲料、多汁饲料的需求量较大。通常情况下，足够的优质饲草都可以做母羊奶源生产的能量补给。但是优质饲草难以长年供给，所以供应量会随着季节性变化而有较强的变化，这样势必会对母羊产奶造成影响，继而影响羔羊的生长发育。相比之下，青贮饲料就是一个很好的代替优质饲草的饲料奶源，它既有优质饲草所含的营养成分，能有效地增加维生素的供给；又可以常年供应，有效缓解养羊生产上冬、春季饲草紧缺和营养补给不均匀的问题。此外，一些青贮饲料的种类，如整株青贮玉米营养丰富、消化率高，对于母羊产奶品质有很大的提升作用。如果选用全株玉米青贮，然后配合其他饲料，可有效增加母羊对粗饲料的采食量，增强母体体质，提高其抗疾病的能力，提高养殖效益。

（2）青贮饲料在养羊生产中的注意事项

1）对刚出窖的青贮饲料不要直接饲喂，应在通风、有阳光的水泥场地晾晒2～3小时。晾晒时，青贮饲料不要铺太厚，以便气味尽量散去，但晾晒不要超过5小时，也不能在不通风环境中晾晒。

2）青贮饲料含有大量的有机酸，用量过多可能导致母羊轻泻，建议用青贮饲料饲喂羊时要逐渐增加用量，不要一蹴而就。如果母羊出现轻微腹泻症状，应该立即停止饲喂或酌情减量，间隔几天后继续饲喂。

3）青贮饲料每次用量要稳定，在青贮窖内取用青贮饲料后要立即密封，减少与外界空气的接触，避免二次发酵。

4）加强青贮饲料的管理，尤其是避免混入污水、泥土、杂物等，保证青贮饲料洁净卫生。

5）科学配比，根据羊场草料储备情况，确定青贮饲料饲喂量。日常饲喂最好搭配优质干草，因为青贮饲料含有大量的乳酸，饲喂过多会引起母羊消化代谢障碍，出现酸中毒、乳脂率降低等现象。

6）用量适中。如果用量过大，母羊出现精神沉郁、反应迟钝、喜卧于角落、步态蹒跚等现象时，要限制其采食青贮饲料。每天青贮饲料的饲喂量，肉羊不应超过日粮总量的60%，繁殖母羊不应超过50%，同时配合适量添加剂（3%小苏打）使用，增加喷洒过硫酸铜的干草的饲喂量，可以改善青贮饲料用量过大产生的影响。

第三节　精细化饲养技术使用的误区

一、饲料原料选择和使用不当

（1）误区　由于羊采食的广泛性，导致羊在饲养过程中可以使用众多种类的饲料，从而形成了各种饲养方式来满足羊的营养需求。在实际养羊时，部分养殖户在选择饲料原料时存在注重饲料原料的数量而忽视质量的误区，甚至有的为图便宜或害怕浪费而使用发霉变质、污染严重或掺杂使假的饲料原料，结果是严重影响羊对饲料中营养物质的吸收，有些发霉、变质的饲料饲喂之后甚至危害羊的健康。

（2）解决办法　在选择羊饲料时，不仅要考虑各种饲料的数量，更应注重质量。要选择优质的、不掺杂使假、没有发霉变质的饲料原料。掺杂使假后配制的饲料日粮达不到营养标准要求，营养水平低，影响生产性能；如果掺有有害的物质，还可能影响羊的健康和产品安全。霉变饲料适口性差，饲用价值低，而且霉味越大，颜色变化越明显，营养损失就越多。饲喂霉变饲料的羊首先表现出采食量下降，随之而来的便是饲料转化不良和生产性能降低。严重霉变的饲料可引起羊急性、慢性或蓄积性中毒，也可引起肺炎、肝癌甚至死亡，所以要严禁饲喂劣质和霉变饲料。

二、饲料原料的搭配不合理

(1) 误区 羊的舍饲和传统的放牧饲养不同，舍饲羊是被动采食，所需要的营养全部来自给予它的饲料。因此，提供的饲料营养必须全面和充足，否则就不能满足羊的营养需求。要保证营养全面充足，必须选择多种饲料原料合理搭配，利用不同饲料营养的互补性来满足营养需求。在实际生产过程中，一些养殖户饲料搭配不合理，饲料单一，导致羊的免疫力降低，营养缺乏，从而大面积地发病，为羊场带来了巨大的经济损失。

(2) 解决办法 在养羊过程中，对饲料进行合理的搭配显得尤为重要。保持饲料中的营养均衡，能有效地提升羊的免疫力。羊的饲养可分为几个不同的阶段，针对不同阶段的羊应当采取不同的饲养方式。在羔羊阶段，应当采取母乳喂养的方式。母乳中含有大量的营养物质，能够满足羔羊的成长所需。在这个过程中，饲养人员还应当做好羔羊的保暖工作，以及疾病的预防工作。到了成年羊阶段，饲养人员应当为成年羊搭配多样性的饲料，以满足成年羊的生长发育所需。避免用单一的草料喂养，避免含有杂质的饲料混入日粮中。在整个养殖过程中需要注意饲料中营养物质的含量变化，保证羊能够健康的生长。

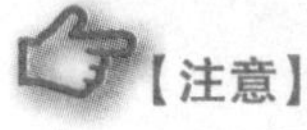

【注意】

配制羊全价饲料时，要多种饲料原料合理搭配（如麸皮与玉米、饼粕等），提高饲料的全价性，降低饲料成本。精饲料的配制，要做到饲料品种多样化，同时要充分利用价格低廉、容易取得的原料。

三、滥用饲料添加剂

(1) 误区 饲料添加剂可以强化饲料的营养价值，更大限度地保障羊的健康生长，提高其繁殖能力和生产性能，有效节约饲料成本和养殖成本。但是在利用饲料添加剂获得利益的同时，滥用饲料添加剂的情况

也时有发生，直接影响了养羊业的正常发展，而且还会威胁人类的食品安全。

（2）解决办法

1）合理选用。饲料添加剂种类繁多，按用途通常可以分为营养性添加剂，如氨基酸、矿物质和维生素添加剂等；饲料保存添加剂，如抗氧化剂、防霉剂、青贮添加剂等；食欲增进和品质改良添加剂，如味精、香料、叶黄素等。不同的饲料添加剂有各自不同的用途，生产中应根据饲养目的、饲养条件及羊群健康状况，有目的、有计划地选用，切不可滥用。

2）正确使用。使用饲料添加剂必须严格按照添加剂的使用说明，对适用对象、剂量和注意事项等严格控制。使用时必须与饲料充分混匀，通常的做法是先与5%～10%饲料预混，再与30%饲料拌混，最后全混，切不可把添加剂一次加入大量饲料中混合，更不能与饲料一起加热煮沸。

3）随购随用。饲料添加剂不宜长期保存（保存期一般不超过6个月），尤其是维生素制剂稳定性较差，应随购随用，不可积压。暂时不用或没有用完的添加剂，要保存在干燥、阴凉、避光的地方，以免影响效果。

4）交替使用。抗生素、药物等添加剂，如果长期单一使用可产生耐药性，为防止病原微生物产生耐药性，影响使用效果，抗生素、药物等添加剂必须交替使用。

5）防止混用。矿物质添加剂不能和维生素添加剂混合在一起使用，以免矿物质促使维生素氧化，加速维生素破坏，影响维生素的使用效果。

【注意】

在使用饲料添加剂时主要存在以下几个方面的问题：一是过量使用微量元素；二是滥用抗生素；三是不注意配伍禁忌，混合不均匀，影响使用效果。

四、盲目使用预混料

（1）误区 当前，市场上预混料品种繁多，鱼龙混杂，很多养殖户不知道该如何选择，也有一些养殖户在选择中存在一些误区，没有发挥预混料应有的作用。

1）选择盲目。目前市场上的预混料品种繁多，质量参差不齐。养殖户对预混料缺乏判断，选择盲目，而不是根据羊的情况选择合适的产品。

2）过分注重包装或过分贪图便宜。产品质量是产品内在和外在质量的综合反映。产品的内在质量指产品的营养指标，如产品的可靠性、经济性等；外在质量指产品的外形、颜色、气味等。有部分养殖户在选择预混料时，往往偏重于外观、包装，其次看色、香、味。由于预混料产品市场竞争激烈，部分厂家想方设法在外包装和产品的色、香、味上下功夫，但产品内在质量却未能提高，养殖户对此不了解，往往上当。

3）使用方式、方法欠妥。有的养殖户不按生产厂家的使用说明饲喂，随意改变推荐配方，使用时混合均匀度差，更有甚者把预混料当成味精使用，在自配的饲料中，随意添加一两把，搅拌一下就喂，这样饲喂不科学，营养也不全面。应严格按照推荐配方配制使用。

（2）解决办法

1）正确选择产品类型。根据不同的使用对象，如不同类型的羊或不同阶段的羊正确选用不同的质量合格的预混料产品。根据国家对饲料产品质量监督管理的要求，凡质量合格的产品应符合以下条件：第一，要有产品标签，标签内容包括产品名称、饲用对象、批准文号、营养成分保证值、用法、用量、净重、生产日期、厂名、厂址；第二，要有产品说明书；第三，要有产品合格证；第四，要有注册商标。

2）选择规模大、信誉度高的厂家生产的质量合格、价格适中的产品。不要一味考虑价格，更要注重品质。

3）正确使用。按照要求的比例准确添加，按照预混料生产厂家提供的配方配制饲料，不要有过大改变。用量小不能起到应有的作用，用量大饲料成本提高，甚至可能引起中毒。同时，推荐的日粮配方也不要随意改变。各类预混料都有各自经过测算的推荐配方，这些配方一般都是科学合理的，不能随意改变。

4）搅拌均匀。添加剂用量微小，在没有高效搅拌机的情况下，应采取多次稀释的方法，使之与其他饲料充分混匀。例如，1 千克添加剂加入 100 千克配合饲料时，应将 1 千克添加剂先与 1 ~ 2 千克饲料充分拌匀后，再加 2 ~ 4 千克饲料拌匀，这样少量多次混合，直到全部拌匀为止。

5）妥善保管。添加剂预混料应存放于低温、干燥和避光处。包装要密封，启封后要尽快用完，注意有效期，以免失效。储放时间不宜过长，时间过长，添加剂预混料就会分解变质，色味全变。一般有效期在

夏季最多3天，其他季节不得超过6天。

五、忽视对不同种类饲料的调制

1. 精饲料的调制过于简单

（1）误区 目前舍饲羊普遍采用粗饲料加精饲料补充料的饲喂方式，养殖户补饲精饲料时只喂未经加工的玉米、小麦等精饲料原料，而不进行合理配制和加工调制，这样容易造成羊营养摄取不平衡，饲料浪费，无形中增加了饲料成本。

（2）解决办法 补充的精饲料应按照不同品种、不同用途的羊的营养需要配制，除要有一定量的玉米外，还要按比例配合豆粕、麸皮、鱼粉等蛋白质饲料。此外，还要添加适量的维生素和矿物质添加剂。精饲料要经过粉碎等加工调制，提高适口性和饲料转化率。

2. 粗饲料的种类过于单调

（1）误区 粗饲料是羊不可缺少的饲料。但有的养羊者不注意广开饲料来源，长期饲喂某一种粗饲料，饲料单一，不仅影响饲料利用效率，而且影响羊的生产。

（2）解决办法 通过粗饲料的合理搭配，可以充分利用饲料的互补性，提高饲料的利用效率和育肥效益。应充分利用天然牧草、秸秆、树叶、农副产品及各种下脚料，扩大饲料来源。新鲜牧草、饲料作物及用这些原料调制而成的干草和青贮饲料一般适口性好、营养价值高，可以直接饲喂羊。低质粗饲料资源如秸秆、秕壳、荚壳等，由于适口性差、可消化性低、营养价值不高，直接单独喂羊往往难以达到应有的饲喂效果。为了获得较好的饲喂效果，在生产实践中常对这些低质粗饲料进行适当的加工调制和处理。可以将多种粗饲料合理配合组成饲料日粮，再与精饲料合理搭配，效果更好。

3. 忽视对品质差的粗饲料的加工调制

（1）误区 粗饲料是饲养羊的基本饲料，在农区主要以农作物秸秆为主。秸秆饲料质地粗硬、适口性差、营养价值低、消化利用率不高，直接用这种饲料喂羊，势必会降低羊的生产性能。

（2）解决办法 对粗饲料进行加工调制，提高适口性、采食速度、采食量和饲料转化率是提高羊饲养效益的有效途径。粗饲料的加工调制方法很多，养羊户应根据自己的实际情况对品质较差的粗饲料进行合理的加工调制。

4. 控制饲料中的霉变毒素问题

(1) 误区 饲料中时常出现各种霉变毒素问题，如青贮饲料霉变问题、能量饲料原料毒素问题和棉籽饼粕游离棉酚问题等。一般情况下，青贮饲料的制作季节大多在雨季，受温度与湿度的影响，饲料很容易出现霉变和腐烂问题，同时在取料过程中，容易出现二次发酵现象，导致羊在食用青贮饲料之后出现中毒问题。能量饲料原料以谷物加工产品为主，属于精饲料补充料，在其加工过程中，时常会发生因水分含量超标、高温高湿天气影响和存储不当而诱发霉变的问题，进而产生大量的霉菌和毒素。羊在食用含有霉菌和毒素的能量饲料原料之后，很快会出现免疫力下降、饮食量减少的现象，母羊出现流产、死胎率骤增及日渐消瘦问题。棉籽饼粕是羊的重要饲料之一，在该饲料中加入游离棉酚有助于增加产肉量，但加入过多的游离棉酚必然也会增加饲料中的毒素。

(2) 解决办法 对于这几种问题，必须采取相应的措施进行控制，对于青贮饲料霉变问题和能量饲料原料毒素问题，需要控制好饲料的生产温度与湿度，做好饲料存储工作，避免加入过多水分。对于棉籽饼粕游离棉酚问题，不仅要控制好游离棉酚添加量，而且不能长期使用棉籽饼粕作为饲料，应注意交替饲喂各种优质饲料，以避免出现毒素累积问题。

六、忽视种草养羊技术的推广利用

(1) 误区 在农村传统养羊观念中，养羊主要就是利用农作物收获后的秸秆直接饲喂，不对秸秆进行科学的调制利用，并且对种草认识不足，认为用良田种牧草是浪费，没有必要。这样不仅造成资源浪费，而且因为秸秆的营养价值很低，导致羊不仅缺草，还严重缺乏营养。而有些规模化养羊企业，虽然认识到种草养羊的重要性，但对种草技术掌握不够，对所种植的牧草缺乏田间管理、适时收获和科学调制等，致使草地产量低、产品质量差，达不到应有的节粮增效效果。

(2) 解决办法

1）要改变传统的养殖观念。将种草和养羊两项工作更好地联系在一起，确保最终养羊的高效益。帮助养殖户正确认识舍饲养羊不仅对发展农村经济，增加农牧民收入起着重要作用，而且对恢复林草植被，建设生态农业有着不可估量的作用。

2）改善种草技术，提升草地产量。在进行人工草地种植过程中，可选取多种牧草混合种植，这样可在有限面积中种植更多牧草，饲料营

养也更加丰富、均匀，能有效提升羊群繁殖率。在进行牧草种植期间，应有效掌握田间管理技术，使牧草健康生长，防止病虫危害。

3）科学调制草料，提高牧草营养价值。科学调制草料，提升青绿饲料利用率，增加适口性。制作青贮饲料可选用禾本科或豆科类的牧草，可在枯草时节使用。农作物秸秆中粗纤维含量较高，不适宜直接投放给羊群，要利用氨水、石灰水等进行化学处理，或经过压块、切断、制粒等物理方式处理过后再进行投放，这样可有效增加饲料适口性，同时羊食用后也便于吸收、消化，而且便于储藏。

第六章
坚持标准化饲养管理，保证种羊正常繁殖机能

第一节　提高标准化饲养管理的主要途径

一、重视羊的常规饲养管理

1. 羊的日常管理

（1）保定　在进行体形外貌鉴定、称重、配种、断尾、去角、去势、剪毛、免疫接种、检疫、疾病诊疗等操作时，需对羊进行适当保定。抓羊应抓腰背处的皮毛，不应直接抓腿，以防扭伤羊腿。因羊腿细而长，不可将羊按倒在地使其翻身，否则易造成羊肠套叠、肠扭转而引起死亡。抓住羊后，即可实施保定。

1）围抱保定。对于羔羊和体格小的羊，保定人员用两臂在羊的胸前及股后围抱住即可固定。必要时，可以握住羊的两角或两耳，固定羊的头部。

2）骑跨保定。保定人员骑跨羊背，以大腿内侧夹持羊的两侧胸壁，两手紧握两角，或一只手抓住羊角或耳，另一只手托住羊下颌即可保定。若使羊的股部抵在墙角，保定则会更牢固。

3）倒卧保定。实施去势等手术时，应倒卧保定。操作时保定者俯身从羊的对侧用一只手抓住两前肢系部或一前肢系部，另一只手抓住腹肋部膝襞处扳倒羊，然后抓两后肢系部，前后一起按住即可。也可在放倒羊后，一只手抓住两前肢系部，另一只手抓住两后肢系部，使羊的四肢交替叠压在腹侧。

（2）编号　羊的个体编号是开展绵羊、山羊育种或进行生产记录工作不可缺少的技术工作。总的要求是简明、便于识别，不易脱落或字迹清晰，有一定的科学性、系统性，便于资料的保存、统计和管理。

羊的编号常采用金属耳标或塑料耳标，也有采用墨刺法的。农区或半农半牧区饲养山羊时，由于羊群较小，可采用耳缺法或烙角法编号。

1）耳标法。即用金属耳标或塑料耳标（图6-1）在羊耳的适当位置（耳上缘血管较少处）打孔、安装。金属耳标可在使用前按规定统一打号后分戴。耳标上可打上场号、年号、个体号（个体号可用单数代表公羊、双数代表母羊），总字符数不超过八位，有利于资料电子化管理。现以“48～50支半细毛羊”育种中采用的编号系统为例加以说明。

① 场号以场名中两个字的汉语拼音首字母代表，如“宜都种羊场”，取“宜都”两个字的汉语拼音大写首字母“Y”和“D”作为该场的场号，即“YD”。

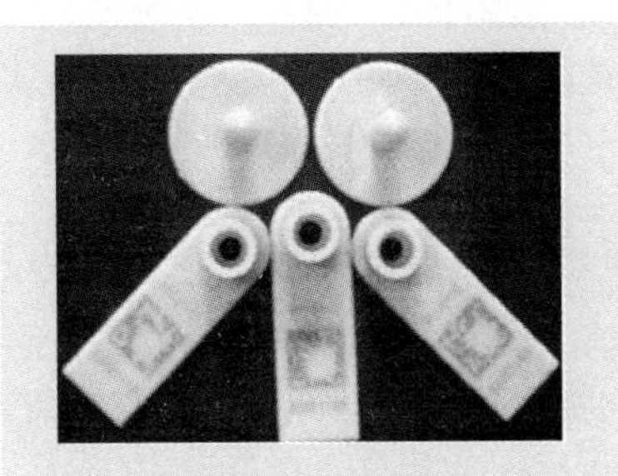

图6-1　羊塑料耳标

② 年号取公历年份的后两位数，如“2020”取“20”作为年号，编号时以畜牧年度计。

③ 个体号根据各场羊群大小，取三位或四位数；尾数中心单号代表公羊，双数代表母羊。可编出1000～10000只羊的耳号。如“YD20034”代表宜都种羊场2020年度出生的母羔，个体为34。

塑料耳标在佩戴前用专用书写笔写上耳号，编号方法同上。对在丘陵山区或其他灌丛草地放牧的绵羊和山羊，编号时提倡佩戴双耳标，以免因耳标脱落给育种资料管理造成混乱。使用金属耳标时，可将打有字号的一面戴在耳郭内侧，以免因长期摩擦造成字迹缺损和模糊。

2）耳缺法。不同地区在耳缺的表示方法及代表数字大小上有一定差异，但原理是一致的，即用耳部缺口的位置、数量来对羊进行个体编号。数字排列的规定可视羊群规模而异，但同一地区、同一羊场的编号必须统一。耳缺法一般遵循上大、下小、左大、右小的原则。编号时尽可能减少缺口数量，缺口之间的界线应清晰、明了，编号时要对缺口认真消毒，防止感染。

3）墨刺法。即用专用墨刺钳在羊的耳廓内刺上羊的个体号。这种方法简便经济，无掉号危险，但常常由于字迹模糊而难以辨认，目前已较少使用。

4）烙角法。即用烧红的钢字将编号依次烧烙在羊的角上。此法对公、母羊均有角的品种较适用，在细毛羊育种中，也可作为种公羊的辅助编号方法。此法无掉号危险，检查起来也很方便，但编号时较耗费人力和时间。

（3）羔羊断尾 断尾仅针对长瘦尾型的绵羊品种，如纯种细毛羊、半细毛羊及其杂种羊。此法目的是保持羊体清洁卫生，保护羊种品质，便于配种。羔羊出生后2~3周龄内断尾，应选在晴天的早上用断尾铲进行。具体方法有热断法和结扎法。

1）热断法。这种方法使用较普遍。断尾时，需一个特制的断尾铲和两块20厘米^2（厚3~5厘米）的木板，在一块木板的一端的中部，锯出一个半圆形的缺口，两侧包以铁皮。术前，将另一块木板衬在条凳上，由一人将羔羊背贴木板进行保定，另一人用带缺口的木板卡住羔羊尾根部（距肛门约4厘米），并用烧至暗红的断尾铲将尾切断，下切的速度不宜过快，用力应均匀，使断口组织在切断时受到烧烙，起到消毒、止血的作用。将尾切下后，如有少量出血，用断尾铲烫一烫即可止住，最后用碘酊消毒。

2）结扎法。用橡胶圈在距尾根4厘米处将羊尾紧紧扎住，阻断尾下段的血液流通，经10天左右，尾下段自行脱落。

（4）山羊去角 羔羊去角是山羊饲养管理的重要环节。山羊有角容易发生创伤，不便于管理，个别性情暴烈的种公羊可能攻击饲养员，造成人身伤害。因此，采用人工方法去角十分重要。为减小对羊的损伤，一般在羔羊出生后7~10天内去角。人工哺乳的羔羊，最好在学会吃奶后去角。有角的羔羊出生后，角蕾部呈旋涡状，触摸时有一个较硬的凸起。去角时，先将角蕾部的毛剪掉，剪的面积要稍大一些（直径约3厘米）。去角的方法主要有烧烙法和化学去角法。

1）烧烙法。将烙铁于炭火中烧至暗红后（也可用功率为300瓦左右的电烙铁），对保定好的羔羊的角基部进行烧烙，烧烙的次数可多一些，但每次烧烙的时间不超过10秒，当表层皮肤被破坏，并伤及角原组织后即可结束，对术部应进行消毒。在条件较差的地区，也可用2~3根40厘米长的锯条代替烙铁使用。

2）化学去角法。即用棒状苛性碱（氢氧化钠）在角基部摩擦，破坏其皮肤和角原组织。术前应在角基部周围涂抹一圈医用凡士林，防止碱液损伤其他部分的皮肤。操作时先重、后轻。将角基擦至有血浸出即可。摩擦面积要稍大于角基部。术后应将羔羊后肢适当捆住（松紧程度以羊能站立和缓慢行走即可）。由母羊哺乳的羔羊，在去角后的半天内应与母羊隔离；哺乳时，也应尽量避免羔羊将碱液污染到母羊的乳房上而造成损伤。去角后，可给伤口撒上少量的消炎粉。

（5）公羊去势 凡不宜作为种用的公羔都要进行去势，去势时间一般为1～2月龄，多在春、秋两季天气凉爽、晴朗的时候进行。羔羊去势手术简单、操作容易，去势后羔羊恢复较快。去势的方法有阉割法和结扎法。

1）阉割法。将羊保定后，用碘酊和酒精对术部消毒，术者左手握紧阴囊的上端将睾丸压迫至阴囊的底部，右手用刀在阴囊下端与阴囊中隔平行的位置切开，切口大小以能挤出睾丸为宜；挤出睾丸后，将阴囊皮肤向上推，暴露精索，将其剪断或拧断均可。在精索断端涂以碘酊消毒，在阴囊皮肤切口处撒上少量消炎粉即可。

2）结扎法。术者左手握紧阴囊基部，右手撑开橡胶圈将阴囊套入，反复扎紧，以阻断下部的血液流通。约经15天，阴囊连同睾丸自然脱落。此法较适合1月龄左右的羔羊。在结扎后，要注意检查，以防止橡胶圈断裂或结扎部位发炎、感染。

（6）修蹄 修蹄是重要的保健工作内容，对舍饲奶山羊尤为重要。羊蹄过长或变形，会影响羊的行走，产生蹄病，甚至造成羊残疾。奶山羊应每1～2个月检查和修蹄1次，其他羊可每半年修蹄1次。

修蹄可选在雨后进行，此时蹄壳较软，容易操作。修蹄的工具主要有蹄刀、蹄剪（也可用其他刀、剪代替）。修蹄时，将羊呈坐姿保定，背靠操作者；一般先从左前肢开始，术者用自己的左腿架住羊的左肩，使羊的左前膝靠在人的膝盖上，左手握蹄，右手持刀或剪，先除去蹄下的污泥，再将蹄底削平，剪去过长的蹄壳，将羊蹄修成椭圆形。

修蹄时要细心操作，动作准确、有力，要一层一层地往下削，不可一次切削过深，一般削至可见到浅红色的微血管为止，不可伤及蹄肉。修完前蹄后，再修后蹄。修蹄时若不慎伤及蹄肉，造成出血，可视出血量的多少采用压迫止血或烧烙止血法。若采用烧烙止血法，应尽量减少对其他组织的损伤。

（7）药浴保健 药浴的目的是预防和治疗羊体外寄生虫病，如羊疥癣、羊虱等。疥癣等外寄生虫病对绵羊的产毛量和羊毛品质都有不良影响。一旦发生疥癣，就很容易在羊群内蔓延，造成巨大的经济损失。除对病羊及时隔离并严格进行圈舍消毒、灭虫外，药浴是防止疥癣等外寄生虫病的有效方法。定期药浴是绵羊饲养管理的重要环节。

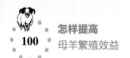

药浴时间一般在剪毛后10～15天，在专门的药浴池或大的容器内进行。这时羊皮肤的创口已基本愈合，毛茬较短，药液容易浸透，防治效果很好。常用的药品有二嗪农溶液、双甲脒溶液、蝇毒磷溶液等。目前，国内外也在推广喷雾法药浴，但设备投资较高，国内中、小羊场和散养户一时还难以采用。

【注意】

为保证药浴安全有效，除按不同药品的使用说明书正确配制药液外，在大批羊药浴前，可用少量羊进行试验，确认不会引起中毒后，再让大批羊药浴。在使用新药时，这点尤其重要。

羊药浴时，要保证全身各部位均要洗到，药液应浸透被毛，适当控制羊通过药浴池的速度；对头部，需用人工浇一些药液淋洗，但要避免将药液灌入羊的口腔。药浴的羊较多时，中途应补充水和药液，使其保持适宜的浓度。对疥癣病病羊可在第一次药浴后7天再进行一次药浴，结合局部治疗，使其尽快痊愈。

（8）捉羊与引羊 在饲养山羊的过程中，经常需要捉羊、引羊前进。所以捉羊、引羊是每个饲养员应掌握的实用技术。如果乱捉、乱引山羊，方法和姿势不对，都会造成不良后果。特别是种公羊，因其胆子大、性烈，操作不当可能会伤羊、伤人，这种现象在生产上常有发生。

1）捉羊。捉羊的正确方法是趁山羊没有防备的时候，迅速地用一只手捉住山羊的后肋，因为此处皮肤松、柔软，容易抓住；或者用手迅速抓住山羊后肢飞节以上部位。一定不要抓飞节以下部位，以免引起脱臼。除这两个部位外，其他部位不可乱抓，特别是山羊背部的皮肤最容易与肌肉分离，如果抓羊时不够细心，往往会使皮肤下的微细血管破裂，受伤的皮肤颜色变深，一般要2周才能恢复正常。

2）引羊。就是牵引山羊前进。山羊性情固执，不能强拉前进，而应用一只手扶在山羊的颈下部，以便控制其前进方向；另一只手在山羊尾根部搔痒，山羊即随人意前进。若此方法不生效，可用两只手分别握住山羊的两后肢，将后躯提高，使两后躯离地。因其身体重心向前移，再加上捉羊人用力向前推，山羊就会向前推进。

2. 羊饲养管理的一般原则

（1）青粗饲料为主，精饲料为辅 羊属于草食性反刍动物，应以饲喂青粗饲料为主，再根据不同季节和生长阶段，将营养不足的部分用精饲料补充。有条件的地区尽量采取放牧、青刈等形式来满足其对营养物质的需要，而在枯草期或生长旺期可用精饲料加以补充。配合饲料时应以当地的青绿多汁饲料和粗饲料为主，尽量利用本地价格低、数量多、来源广、供应稳定的各种饲料。这样，既符合羊的消化生理特点，又能利用植物性粗饲料，从而达到降低饲料成本、提高经济效益的目的。

（2）合理地搭配饲料，力求多样化，保证营养的全价性 为了提高羊的生产性能，应依据本场羊的种类、年龄、性别、不同生理阶段，饲料来源、种类、储备量、质量，以及羊的管理条件等，科学合理地搭配饲料，以满足羊对营养物质的需要。做到饲料多样化，可保证日粮的全价性，提高机体对营养物的利用效率，这是提高羊生产性能的必备条件。同时，饲料的多样化和全价性，能提高饲料的适口性，增强羊的食欲，促进消化液的分泌，提高饲料利用效率。

（3）坚持饲喂的规律性 羊在人工舍饲条件下，其采食、饮水、反刍、休息都有一定的规律性。每天定时、定量、有顺序地饲喂粗饲料和精饲料，投喂要有先后顺序，使羊建立稳固的条件反射，有规律地分泌消化液，促进饲料的消化吸收。现羊场多实行每昼夜饲喂3次，让羊自由饮水终日不断的饲喂方式。应先投粗饲料，吃完后再投混合精饲料。对放牧饲养的羊群，应在归牧后补饲精饲料。在饲养过程中，严格遵守饲喂的时间、顺序和次数，就会引导羊形成良好的进食规律，减少疾病的发生，提高生产力。

（4）保持饲料品质、饲料量及饲料种类的相对稳定 养羊生产具有明显的季节性，季节不同，羊所采食的饲料种类也不同。因此，饲养过程中要随季节变更饲料。羊对采食的饲料具有一种习惯性。瘤胃中的微生物对采食的饲料也有一定的选择性和适应性，当饲料组成发生骤变时，不仅会降低羊的采食量和饲料转化率，而且可影响瘤胃中微生物的正常生长和繁殖，进而使羊的消化机能紊乱和营养失调。因此，饲料的增减、变换应有一个适应的渐进过程。这里必须强调的是混合精饲料量的增加一定要逐渐进行，谨防加料过急而引起羊消化障碍，在以后的很长时间里吃不进混合精饲料，即所谓“顶料”。

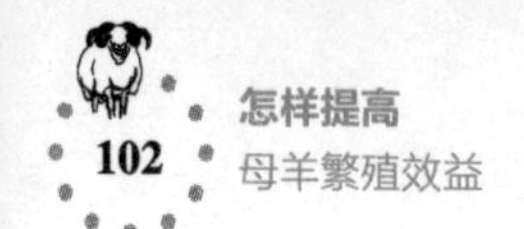

【提示】

为防止顶料，在增加饲料时最好每4～5天加料1次，减料时可适当加大幅度。

（5）充分供应饮水 水对于饲料的消化吸收，以及羊机体内营养物质的运输和代谢、整个机体生理调节均有重要作用。羊在采食后，饮水量大而且次数多，因此，每天应供给羊足够的清洁饮水。夏季高温时要加大供水量，冬季以供应温水为宜。

【注意】

要注意水质清洁卫生，经常刷洗和消毒水槽，以防各种疾病的发生。

（6）合理布局与分群管理 应根据羊场规模与圈舍条件、羊的性别与年龄等进行科学合理布局和分群。一般在生产区内，公羊舍位于上风向，母羊舍位于下风向，羔羊居中。

根据羊的种类、性别、年龄、健康状况、采食速度等进行合理的分群，避免混养时强欺弱、大欺小、健欺残等现象，使不同的羊均能正常生长发育、发挥生产性能，也有利于弱病羊体况的恢复。

二、加强不同类型羊的饲养管理

1. 种公羊的饲养管理

在现代养羊业中，人工授精技术得到广泛的应用，需要的种公羊不多，但对种公羊品质的要求越来越高。使种公羊常年保持结实健壮的体质，达到中等以上的种用体况，并具有旺盛的性欲和良好的配种能力，才能有好的精液品质。

（1）非配种季节的饲养管理 种公羊在非配种季节的饲养以恢复和保持其良好的种用体况为目的。配种结束后，种公羊的体况都有不同程度的下降。为使体况很快恢复，在配种刚结束的1～2个月内，种公羊的日粮应与配种季节基本一致，但对日粮的组成可做适当调整，增加优质青干草或青绿多汁饲料的比例，并根据其体况的恢复情况，逐渐转为饲喂非配种季节的日粮。

在我国北方地区，羊的繁殖季节很明显，大多集中在9～11月（秋季），非配种季节较长。在冬季，种公羊的饲养保持较高的营养水平，既有利于体况恢复，又能保证其安全越冬度春。因此，冬季种公羊饲喂

时要做到精粗饲料合理搭配，补饲适量青绿多汁饲料（或青贮饲料），在混合精饲料中应补充一定的矿物质微量元素。混合精饲料的用量每天不低于0.5千克，优质干草的用量每天为2~3千克。种公羊在春、夏季以放牧为主，每天补饲少量的混合精饲料和干草。

在我国南方大部分低山地区，气候比较温和，雨量充沛，牧草的生长期长，枯草期短，加之农副产品丰富，羊的繁殖季节可表现为春、秋两季，部分母羊可全年发情配种。因此，对种公羊全年均衡饲养尤为重要。除搞好放牧、运动外，每天应补饲0.5~1.0千克混合精饲料和一定的优质干草。

（2）配种季节的饲养管理 种公羊在配种季节内要消耗大量的养分和体力，因配种任务或采精次数不同，个体之间对营养的需要量相差很大。对配种任务繁重的优秀种公羊，每天应补饲1.5~3.0千克混合精饲料，并在日粮中增加部分动物性蛋白质饲料（如蚕蛹粉、鱼粉、血粉、肉骨粉、鸡蛋等），以保持其良好的精液品质。配种季节种公羊的饲养管理要做到认真、细致，要经常观察羊的采食、饮水、运动及排泄等情况。保持饲料、饮水的清洁卫生，若有剩料应及时清除，减少饲料的污染和浪费。青干草要放入草架中饲喂。

在南方地区，夏季高温、潮湿，对种公羊体况不利，会造成精液品质下降。种公羊的放牧应选择高燥、凉爽的草场，尽可能充分利用早、晚进行放牧，中午将公羊赶回圈内休息。种公羊舍要通风良好。如有可能，种公羊舍应修成带漏缝地板的双层楼式圈舍或在羊舍中铺设羊床。

在配种前1.5~2个月，逐渐调整种公羊的日粮，增加混合精饲料的比例，同时进行采精训练和精液品质检查。开始时每周采精检查1次，以后增至每周2次，并根据种公羊的体况和精液品质来调节日粮或增加其运动量。

对精液稀薄的种公羊，应增加日粮中蛋白质饲料的比例；当精子活力差时，应加强种公羊的放牧和运动。种公羊的采精次数要根据羊的年龄、体况和种用价值来确定。对1.5岁左右的种公羊每天采精1~2次为宜，不要连续采精；成年公羊每天可采精3~4次，有时可达5~6次，每次采精应有1~2小时的间隔时间。特殊情况下（种公羊少而发情母羊多），成年公羊可每天连续采精2~3次。

【注意】

种公羊在采精较频繁时，也应保证每周有1～2天的休息时间，以免因过度消耗养分和体力而造成体况明显下降。

2. 母羊的饲养管理

母羊是羊群发展的基础。母羊数量多，个体差异大。为保证母羊正常发情、受胎，实现多胎、多产，以及羔羊全活、全壮，在母羊的饲养管理过程中，不仅要从群体营养状况来合理调整日粮，而且对少数体况较差的母羊应单独组群饲养。对妊娠母羊和带仔母羊，要着重做好妊娠后期和哺乳前期的饲养和管理。

（1）空怀期的饲养管理 羊的配种繁殖因地区及气候条件的不同而有很大的差异。在北方牧区，羊的配种集中在9～11月。母羊经春、夏两季放牧饲养，体况恢复较好。对体况较差的母羊，可在配种开始前1～1.5个月将其放到牧草生长良好的草场进行抓膘。对少数体况很差的母羊，每天可单独补饲0.3～0.5千克混合精饲料，使其在配种季节内正常发情、受胎。在南方地区，母羊的发情相对集中在晚春（4～5月）和秋季（9～11月）或四季均可发情。为保持母羊良好的配种体况，应尽可能做到全年均衡饲养，尤其应做好母羊的冬、春补饲。母羊配种受胎后的前3个月内，对能量、粗蛋白质的要求与空怀期相似，但应补饲一定的优质蛋白质饲料，以满足胎儿生长发育和组织器官分化对营养物质（尤其是蛋白质）的需要。初配母羊的营养水平应略高于成年母羊，日粮的混合精饲料比例为5%～10%。

（2）妊娠期的饲养管理 对妊娠母羊饲养管理的任务是保好胎，并使胎儿发育良好。胎儿最初的3个月对母体营养物质的需要量并不太大，以后随着胎儿的不断发育，对营养的需要量越来越大。怀孕后期是确保羔羊获得初生体重大、毛密、体形良好及健康的重要时期，因此应当精心喂养。补饲精饲料的标准要根据母羊的生产性能、膘情和草料的质量而定。在种羊场，母羊的生产性能一般都很高，同时也有饲料基地，可按营养要求给予补饲。草料条件不充足的经济羊场和专业户羊群，可本着优先照顾、保证重点的原则安排饲喂。在饲喂过程中，对妊娠母羊管理不当，很容易引起流产和早产。要严禁喂发霉、变质、冰冻或有其他异常的饲料，不让其空腹饮水、饮冰水等温度很低的水。出牧、归牧、饮水、补饲都要有序慢稳，防止母羊拥挤、滑跌，严防其跳崖、跳沟，

应特别注意不要无故拽捉、惊扰羊群，及时阻止两羊间的角斗。

1）妊娠前期的饲养管理。妊娠前期（约前3个月）因胎儿发育较慢，需要的营养物质少，一般放牧或给予足够的青草，适量补饲即可满足需要。

2）妊娠后期的饲养管理。此期不宜进行免疫注射。在妊娠后期，胎儿的增重明显加快，母羊自身也需储备大量的养分，为产后泌乳做准备。妊娠后期母羊腹腔容积有限，对饲料干物质的采食量相对减小，饲料体积过大或水分含量过高均不能满足母羊的营养需要。因此，要做好妊娠后期母羊的饲养，除提高日粮的营养水平外，还必须考虑组成日粮的饲料种类，增加混合精饲料的比例。在妊娠前期日粮的基础上，能量和可消化蛋白质含量分别提高20%~30%和40%~60%，钙、磷含量增加1~2倍［钙、磷比例为（2~2.5）∶1］。产前8周，日粮的混合精饲料比例提高到20%，产前6周提高到25%~30%，而在产前1周，要适当减少混合精饲料用量，以免胎儿体重过大而造成难产。妊娠后期，母羊的管理要细心、周到，在进出圈舍及放牧时，要控制羊群，避免拥挤或急驱猛赶；补饲、饮水时要防止其拥挤和滑倒，否则易造成流产。除遇暴风雪天气外，母羊的补饲和饮水均可在运动场内进行，增加母羊户外活动的时间，干草或鲜草用草架投喂。产前1周左右，夜间应将母羊放于待产圈中饲养和护理。

（3）哺乳前期的饲养管理　母羊产羔后产奶量逐渐上升，在4~6周内达到泌乳高峰，10周后逐渐下降（乳用品种可维持更长的时间）。随着产奶量的增加，母羊需要的养分也应增加，当草料所提供的养分不能满足其需要时，母羊会大量动用体内储备的养分来弥补，这是泌乳性能好的母羊往往比较瘦弱的一个重要原因。在哺乳前期（羔羊出生后2个月内），母乳是羔羊获取营养的主要来源。为满足羔羊生长发育对养分的需要，保持母羊的高产奶量是关键。在加强母羊放牧的前提下，应根据带羔的多少和产奶量的高低，做好母羊补饲。补饲混合精饲料量：带单羔的母羊，每天0.3~0.5千克；带双羔或多羔的母羊，每天0.5~1.5千克。对体况较好的母羊，产后1~3天内可不补饲混合精饲料，以免造成消化不良或发生乳腺炎。为调节母羊的消化机能，促进恶露排出，可喂少量轻泻性饲料（如在温水中加入少量麦麸）。3天后逐渐增加精饲料的用量，同时给母羊饲喂一些优质青干草和青绿多汁饲料，可促进母羊的泌乳机能。

（4）哺乳后期的饲养管理 哺乳后期母羊的产奶量下降，即使加强补饲，也不能继续维持其较高的产奶量，单靠母乳已不能满足羔羊的营养需要。此时羔羊也已具备一定的采食和利用植物性饲料的能力，对母乳的依赖程度减小。在泌乳后期应逐渐减少对母羊的补饲，到羔羊断奶后母羊可完全采用放牧饲养，但对体况下降明显的瘦弱母羊，需饲一定的干草和青贮饲料，使母羊在下一个配种季节到来时能保持良好的体况。

3. 羔羊的饲养管理

哺乳期的羔羊是其一生中生长发育强度最大而又最难饲养的一个阶段，稍有不慎不仅会影响羊的发育和体质，还会造成羔羊发病率和死亡率增加，给养羊生产造成重大损失。羔羊在哺乳前期主要依赖母乳获取营养，母乳充足时羔羊发育好、增重快、健康活泼。母乳可分为初乳和常乳，母羊产后第一周内分泌的乳为初乳，以后的为常乳。初乳干物质含量高、养分含量高，尤其是含有大量的免疫球蛋白和丰富的矿物质元素，可增强羔羊的抗病力，促进胎粪排泄。应保证羔羊在产后 15 ~ 30 分钟内吃到初乳。

羔羊的早期诱食和补饲，是羔羊培育的一项重要工作。羔羊出生后 7 ~ 10 天，在跟随母羊放牧或采食饲料时，会模仿母羊的行为，采食一定的草料。此时，可将大豆、蚕豆、豌豆等炒熟，粉碎后撒于饲槽内对羔羊进行诱食。初期，每只羔羊每天喂 10 ~ 50 克即可，待羔羊习惯以后逐渐增加补饲量。羔羊补饲应单独进行，当羔羊的采食量达到 100 克左右时，可用含粗蛋白质 24% 左右的混合精饲料进行补饲。到哺乳后期，白天可将羔羊单独组群，划出专用草场放牧，结合补饲混合精饲料；优质青干草可投放在草架上任其自由采食，主要投喂禾本科和豆科青干草。羔羊的补饲应注意以下几点：一是尽可能提早补饲；二是当羔羊习惯采食饲料后，所用的饲料要多样化、营养好、易消化；三是饲喂时要做到少喂勤添；四是做到定时、定量、定点；五是保证饲槽和饮水的清洁卫生。

要加强羔羊的管理，适时去角（山羊）、断尾（绵羊）、去势，做好免疫注射。羔羊出生时要进行称重；7 ~ 15 天内进行编号、去角或断尾；2 月龄左右对不符合种用要求的公羔去势。生后 7 天以上的羔羊可随母羊就近放牧，增加户外活动的时间。对少数因母羊死亡或缺奶而表现瘦弱的羔羊，要做好人工哺乳或寄养工作。

对羔羊一般采用一次性断奶的方法。断奶时间要根据羔羊的月龄、

体重、补饲条件和生产需要等因素综合考虑。在国外工厂化肥羔生产中，羔羊的断奶时间为4～8周龄；国内常采用4月龄断奶法。

对早期断奶的羔羊，必须提供符合其消化特点和营养需要的代乳饲料，否则会造成巨大损失。羔羊断奶时的体重对断奶后的生长发育有一定影响。根据实践经验，半细毛改良羊公羔体重达15千克以上、母羔体重达12千克以上、山羊羔体重达9千克以上时断奶比较适宜。体重过小的羔羊断奶后，生长发育明显受阻。如果受生产条件的限制，部分羔羊需提早断奶时，必须单独组群，加强补饲，以保证羔羊生长发育的营养需要。

初生羔羊体质较弱，适应能力低，抵抗力差，容易发病。因此要加强护理，保证成活及健壮。羔羊时期发病率较高的是“三炎一痢”，即肺炎、肠胃炎、脐带炎和羔羊痢。要减少羔羊因发病导致的死亡，提高羔羊的成活率，应注意做到以下几点：

（1）吃好初乳 羔羊出生后，一般十几分钟即能站起，寻找母羊乳头。第一次哺乳应在接产人员护理下进行，使羔羊尽早吃到初乳。如果一胎多羔，不能让第一只羔羊把初乳吃净，要使每只羔羊都能吃到初乳。

（2）羔舍保温 羔羊出生后体温调节机能不完善，羔舍温度过低，会使羔羊体内能量消耗过多，体温下降，影响羔羊健康和正常发育。一般冬季羔舍温度宜保持在5℃。冬季应注意，在母羊产后3～7天内，不要把羔羊和母羊牵到舍外有风的地方。羔羊7日龄后，母羊可到舍外放牧或食草，但不要走得太远。

（3）代乳或人工补乳 一胎多羔、产羔母羊死亡、因母羊乳房疾病无奶等原因引起羔羊缺奶时，应及时采取代乳和人工哺乳的方法解决。加强对缺奶羔羊的补饲，无母羊的羊羔应尽早找保姆羊。对缺奶羔羊进行牛奶或人工乳补饲时，要掌握好温度、时间、喂量，保证卫生。

人工初乳的奶源包括牛奶、羊奶、代乳品和全脂奶粉，应定时、定量、定温、定次数。一般7日龄内每天5～9次，8～12日龄每天4～7次，以后每天3次。

人工哺乳在羔羊少时用奶瓶，多时用哺乳器（一次可供8只羔羊同时吸乳）。使用牛奶、羊奶应先煮沸消毒。10日龄以内的羔羊不宜补饲牛奶。若使用代乳品或全脂奶粉，宜先用少量羔羊初试，证实无腹泻、消化不良等异常表现后再大面积使用。

【注意】

初生羔羊不能喂玉米糊或小米粥。

（4）**搞好圈舍卫生** 羔羊舍应宽敞，干燥卫生，温度适中，通风良好。羔羊痢的发生多在产羔10天后开始增多，原因就在于此时的棚圈污染程度加重。应认真做好脐带消毒、哺乳消毒和清洁用具的消毒，严重病羔要隔离，死羔和胎衣要集中处理。

（5）**安排好吃乳和放牧时间** 母羊和羔羊分群放牧时，应合理安排放牧母羊的时间，使羔羊吃乳的时间均匀一致。初生羔饲养7天后可将羔羊赶到日光充足的地区自由活动，3周后可随母羊放牧，开始时不要走远，选择平坦、背风向阳、牧草好的地方放牧。30日龄后，羔羊可编群游牧，不要去低湿、松软的牧地放牧。

【注意】

放牧时，注意从小就训练羔羊听从口令。

（6）**疫病防治** 羔羊出生后1周，容易患痢疾，应采取综合措施防治。在羔羊出生后12小时内，可喂服土霉素，每只每次0.2～0.5克，每天1次，连喂3天。

对羔羊要经常仔细观察，做到有病及时治疗。一旦发现羔羊有病，要立刻隔离，认真护理，及时治疗。羊舍粪便、垫草要焚烧。被污染的环境及土壤、用具等要用0.1%的新洁尔灭喷雾消毒。

（7）**杜绝人为事故发生** 人为事故的发生主要是因为管理人员缺乏经验，责任心不强。事故主要是放牧丢失、看护不周等。

（8）**适时断奶** 断奶应逐渐进行，一般经7～10天完成。开始断奶时，每天早晚仅让母羊和羔羊在一起哺乳2次，以后1次，逐渐断奶。断奶时间在3～4月龄，断奶羔羊应按性别、大小分群饲养。

【提示】

只要对羔羊认真做到早喂初乳，早期补饲；生后7～10天开始喂青干草和饮水，10～20天喂混合精饲料，早断奶；及时查食欲、查精神、查粪便，就能保证羔羊成活，减少死亡发生。

4. 育成羊的饲养管理

育成羊是指断奶后至第一次配种前这个年龄段的幼龄羊。在生产中一般将羊的育成期分为两个阶段，即育成前期（4～8 月龄）和育成后期（8～18 月龄）。

育成前期尤其是刚断奶不久的羔羊，生长发育快，瘤胃容积有限而且机能不完善，对粗饲料的利用能力较弱。这个阶段饲养的好坏，直接影响羊的体重、体形和成年后的生产性能，必须引起高度重视，否则会给整个羊群的品质带来不可弥补的损失。育成前期羊的日粮应以混合精饲料为主，结合放牧或补饲优质青干草和青绿多汁饲料，日粮的粗纤维含量以 15%～20% 为宜。

在育成后期，羊的瘤胃消化机能基本完善，可采食大量的牧草和农作物秸秆。这个阶段，育成羊以放牧为主，结合补饲少量的混合精饲料或优质青干草。粗劣的秸秆不宜用来饲喂育成羊，即使要用，在日粮中的比例也不可超过 25%，使用前还应进行合理的加工调制。

5. 育肥羊的饲养管理

肉羊的育肥是在较短的时期内采用不同的育肥方法，使肉羊体壮膘肥，适于屠宰。根据肉羊的年龄，分为羔羊育肥和成年羊育肥。羔羊育肥是指 1 周岁以内没有换永久齿的幼龄羊的育肥；成年羊育肥是指成年羯羊和淘汰老弱母羊的育肥。

我国绵羊、山羊的育肥方法有放牧育肥、舍饲育肥和半放牧半舍饲育肥 3 种形式。

（1）放牧育肥 放牧育肥是我国常用的最经济的肉羊育肥方法。通过放牧让肉羊充分采食各种牧草和灌木枝叶，以较少的人力物力获得较高的增重效果。放牧育肥的技术要点如下：

① 选择放牧草场，分区合理利用。根据羊的种类和数量，选择适宜的放牧地。育肥绵羊宜选择地势较平坦、以禾本科牧草和杂类草为主的放牧地；而育肥山羊宜选择灌木丛较多的山地草场。充分利用夏、秋季天然草场牧草和灌木枝叶生长茂盛、营养丰富的时期做好放牧育肥。放牧地面积较大的，应按地形划分成若干小区实行分区轮牧，在一个小区放牧 2～3 天后再移到另一个小区放牧，使羊群能经常吃到鲜绿的牧草和枝叶，同时也使牧草和灌木有再生的机会，有利于提高产草量和利用率。

② 加强放牧管理，提高育肥效果。放牧育肥的肉羊要尽量延长每天放牧的时间。夏、秋季气温较高，要做到早出牧、晚收牧，每天放牧 12 小时以上，甚至可采用夜间放牧，让肉羊充分采食，加快增重。在放牧过程中要尽量少驱赶羊群，使羊能安静采食，减少体能消耗。中午阳光

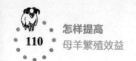

强烈、气温过高时，可将羊群驱赶到背阴处休息。

③ 适当补饲，加快育肥。在雨水较多的夏、秋季，牧草含水分较多，干物质含量相对较少，单纯依靠放牧，有时不能完全满足肉羊快速增重的要求。因此，为了提高育肥效果，缩短育肥时间，增加出栏体重，在育肥后期可适当补饲混合精饲料，每天每只羊补饲0.2～0.3千克，补饲期约1个月，育肥效果可明显提高。

（2）舍饲育肥 舍饲育肥就是用育肥饲料在羊舍饲喂肉羊。其优点是羊增重快、肉质好、经济效益高，适于缺少放牧草场的地区和工厂化生产使用。舍饲育肥的羊舍，可以是简易的半敞式羊舍，或利用旧房改造，并备有草架和饲槽。舍饲育肥的关键是合理配制与利用育肥饲料。育肥饲料由青粗饲料、各种农副产品和各种混合精饲料组成，如干草、青草、树叶、作物秸秆，以及各种糠、糟、油饼、食品加工糟渣等。

育肥时间为2～3个月。初期青粗饲料占日粮的60%～70%，混合精饲料占30%～40%，后期混合精饲料可加大到60%～70%。为了提高饲料的转化率和利用率，秸秆饲料可进行氨化处理，粮食籽粒要粉碎，有条件的可加工成颗粒饲料。青粗饲料要任羊自由采食，混合精饲料可分为上、下午2次进行补饲。

舍饲育肥期的长短要因羊而异，羔羊断奶后经60～100天，体重达到30～40千克即可出栏；成年羊经40～60天短期舍饲育肥便可出栏。育肥时间过短，增重效果不明显；时间过长，到后期肉羊体内积蓄过多的脂肪，不适合市场要求，饲料转化率也不高。育肥饲料中要保持一定数量的蛋白质营养。蛋白质不足，肉羊体内肌肉比例会减少，脂肪的比例会增加。为了补充饲料中的蛋白质，或弥补蛋白质饲料的缺乏，可补饲尿素。补饲尿素的数量只能占饲料干物质总量的2%，不能过多，否则会引起尿素中毒。尿素应加在混合精饲料中充分混匀后饲喂，不能单独饲喂，也不能加在饮水中饲喂。一般羔羊断奶后每天可喂10～15克，成年羊可喂20克。

（3）半放牧半舍饲育肥 半放牧半舍饲育肥是放牧与补饲相结合的育肥方式，我国大多数地区可采用这种方式，既能利用夏、秋牧草生长旺季进行放牧育肥，又可利用各种农副产品及少量混合精饲料进行后期催肥，提高育肥效果。半放牧半舍饲育肥可采用两种方式：一种是前期以放牧为主，舍饲为辅，少量补料；后期以舍饲为主，多补混合精饲料，适合就近放牧采食。另一种是前期利用牧草生长旺季全天放牧，使羔羊

早期骨骼和肌肉充分发育，后期进入秋末冬初转入舍饲催肥，使肌肉迅速增长，储积脂肪，经 30 ~ 40 天催肥即可出栏。一些老残羊和瘦弱的羯羊在秋末集中 1 ~ 2 个月舍饲育肥，可利用农副产品和少量混合精饲料补饲催肥，也是一种费用较少、经济效益较高的育肥方式。

第二节　羊的放牧管理技术

绵羊、山羊放牧采食能力强，适宜放牧饲养。羊在放牧的过程中不断地游走，增加了运动量，同时也能长时间接受太阳光的照射，这些都有利于羊的健康。天然牧草是羊重要的饲料来源，放牧饲养方式在世界养羊业中仍占主导地位。

一、四季牧场的规划与合理利用

采用按季节转场轮牧的生产方式，可充分、合理地利用不同类型的草地资源。放牧后的牧场应有较长的休牧期，以利于牧草的恢复和再生，使牧场保持较高的生产力。部分牧场在放牧后封育、增加施肥，作为割草地，在夏、秋季晒制大量干草，以备冬、春补饲之用。牧场在休牧期间应严禁放牧，否则会由于过度放牧而引起草场退化。

（1）春季牧场　在补饲条件相对较差的北方牧区和西南高寒山区，羊在春季的体况普遍较差，而春季又是母羊产羔和哺乳的时期，气候变化频繁，草料匮乏，稍有不慎，就会造成羊大量损失。春季牧场要求地势平坦，或选在缓坡和阳坡、有一定水源的地块。这种牧场积雪较少，融雪早，有利于牧草的萌发。在西南地区，春季牧场多选在浅丘地带。

春季牧草萌发较早，但养分储备有限，过早进场放牧，不利于牧草的生长，因此进入春场放牧的时间不要过早。较为适合的时期是：禾本科冬牧草处于分蘖至拔节初期，豆科牧草及杂草在长出腋芽时，草丛高 8 ~ 10 厘米。进场初期，可早晨放冬场，下午放春场；尽可能利用冬场上残存的枯草，以减轻对春季牧场的压力。即使冬季牧场面积受限，也应限制在春场的放牧时间，可给羊补饲一定的草料。也可将春场划区后进行轮牧，保证部分牧场在早春有一定的休牧期。春场放牧结束的时间相对要早一些，“晚进早出”是春季牧场放牧应遵循的原则。

（2）夏季牧场　夏季牧场选择要因地制宜。北方干旱草原或半荒漠草原区，应选择在地势较为低洼的凹地或河流两岸水源较充足的地块；在西南高寒牧区，应选择高山牧场作为夏季牧场。总的要求是：接近水源、干旱程度低，牧草生长良好，有利于羊的放牧抓膘。

夏季牧场牧草生长的好坏，对羊的体况恢复有重要影响。在高山牧场放牧时放牧地段可由高到低，分段利用。夏季中午气温较高，放牧时应选择荫蔽的地块，防止蚊蝇骚扰。应尽可能延长在夏季牧场放牧的时间。在高寒山区，由于牧草生长周期较短，放牧时间不宜太长。一般在开始降霜或下雪之前，使羊群逐渐向中低山牧场转移，避免过度放牧。

（3）秋季牧场 在北方牧区，一般选择在其他季节因缺水而不能利用的牧场；在西南山区，可选择中低山牧场或农作物收获后的茬地。

对秋季牧场利用的时间长短和强度，要根据各地的气候特点来确定。一般在牧草结束生长前 30 天左右转场，使牧草能储备一定的养分，有利于牧草的越冬和第二年的再生。也可采用划区放牧的方式，地势较高、离牧场较远的地块先放，再逐渐向地势低或距离近的地块转移。这样，既有利于充分、合理地利用草地资源，又可避免羊只往返奔波和掉膘。

（4）冬季牧场 选择地势较平坦、靠近水源、牧草生长良好、冬季积雪较少的牧场。在北方纯牧区，冬季牧场一般靠近人的定居点。牧场积雪厚度为 15～20 厘米，积雪过厚会给羊的采食造成困难。

冬季牧场一般采用分段放牧。初冬，可将羊放于地势低洼或避风较差的地块，以免因积雪过厚而不能利用。要先利用距离较远的地块。遇暴风雪天气，应将羊赶入圈内进行补饲。近年来，我国北方地区在冬季采用塑料大棚养羊，能较显著地改善羊的放牧饲养条件，取得了较好的经济效益，值得在高寒地区广泛推广。

二、放牧羊群的组织和放牧方式

1. 放牧羊群的组织

合理组织羊群，有利于羊的放牧和管理，是保证羊吃饱草、快长膘和提高草场利用率的一个重要技术环节。在我国北方牧区和西南高寒山区，草场面积大，人口稀少，羊群规模一般较大；而在南方丘陵和低山区，草场面积小而分散，农业生产较发达，羊的放牧条件较差，在放牧时必须加强对羊群的引导和管理，才能避免羊对农作物的啃食，羊群规模一般较小。羊群的组织应根据羊的类型、品种、性别、年龄（如羔羊、育成羊、成年羊）、健康状况等综合考虑，也可根据生产和科研的特殊需要组织羊群。在生产中，羊群一般可分为公羊群、母羊群、育成公羊群、育成母羊群、羔羊群（按性别分别组群）、羯羊群等。羯羊数量很少时，可随成年的母羊组群放牧。在羊的育种工作中，还可按选育性状组建核心育种群，即把育种过程中产生的理想型个体单独组群和放牧。

采用自然交配时，配种前1个月左右，将公羊按1:（25～30）的比例放入母羊群中饲养，配种结束后，公羊再单独组群放牧。

在南方省区，养羊一般采用放牧与补饲相结合的方式，除符合羊群组织的一般要求，还必须考虑羊舍面积、补饲和饮水条件、牧工的劳动强度等因素，羊群的大小要有利于放牧和日常管理。

2. 放牧技术

羊的放牧要立足于“抓膘和保膘”，使羊常年保持良好的体况，充分发挥羊的生产性能。要达到这样的目的，必须了解和掌握科学的放牧方法和技术。

在绵羊的放牧中，除应了解和熟悉草场的地形、牧草生长情况和气候特点外，还要做到两季慢（春、秋两季放牧要慢）、三坚持（坚持跟群放牧、早出晚归、每天饮水）、三稳（放牧、饮水、出入羊圈要稳）、四防（防“跑青”、防“扎窝子”、防病、防兽害）。同时，要根据不同季节的气候特点，合理地调整放牧的时间和距离，以保证羊能吃饱、吃好。

在南方地区，夏季气候炎热，应延长羊的早、晚放牧时间，午间将羊赶回羊舍或在其他荫蔽处休息。此外，在我国广大的农区和半农半牧区，发展了一些简便、实用的山羊放牧方法，适合小规模分散养羊的特点。现简要介绍如下：

（1）领着放 羊群较大时，由放牧员走在羊群前面，带领羊群前进，控制其游走的速度和距离。此法适用于平原、浅丘地区和牧草茂盛季节，有利于羊对草场的充分利用。

（2）赶着放 即放牧员跟在羊群后面进行放牧，适合于春、秋两季的平原或浅丘地区。放牧时要注意控制羊群游走的方向和速度。

（3）陪着放 在平坦牧地放牧时，放牧员站在羊群一侧；在坡地放牧时，放牧员站在羊群的中间；在田边放牧时，放牧员站在田边。这种方法便于控制羊群，四季均可采用。

（4）等着放 在丘陵山区，当牧地相对固定，而且羊群对牧道熟悉时，可采用此法。出牧时，放牧员将羊群赶上牧道后，自己抄近路走到牧地等候羊群。这种方法要求牧道附近无农田、无幼树、无兽害，一般在植被稀疏的低山草场或在枯草期采用。

(5) 牵牧 利用工余时间或由老、弱人员用绳子牵引羊，选择牧草生长较好的地块，让羊自由采食，在农区使用较多。

(6) 拴牧 又叫系牧，即用1条长绳的一端系在羊的颈部，另一端拴1个小木桩，选择好牧地后，将木桩打入地下固定，让羊在绳子长度控制的范围内自由采食。一天中可换几个地区放牧，既能使羊吃饱、吃好，又节省人力，多在农区采用。南方农区多采用这种放牧方式。

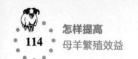

羊的放牧要因地、因时制宜，采用适当的放牧技术。在春、秋放牧时，要控制好羊群的游走速度，避免过分消耗体力，引起羊掉膘。夏季放牧时，羊群可适当松散，午间气温较高时，应将羊赶到荫蔽的地区采食或休息；在有条件的地区，可在牧地上搭建临时遮阴棚架，作为羊中午休息或补饲、饮水的场所。冬季放牧时，要随时了解天气的变化，晴好天气可放远一些，雪后初晴时就近放牧；大风雪天应将羊群赶回圈舍。

3. 山羊放牧应注意的事项

(1) 要训练好带头山羊 山羊合群性强，放牧时，山羊群体总是跟随在头羊后面。所以，要选择全群中最健康、精力充沛的山羊作为头羊，加强训练。训练时要严格，也要有感情，要注意口令严厉、准确。

(2) 要注意数羊 每天出牧前、收牧后都要清点山羊数，以防落队。

(3) 要防野兽、毒蛇、毒草危害

1）防野兽危害。在山地放牧防野兽危害的经验是：早防前、晚防后、中午要防洼洼沟，即早上要防野兽从羊群前出现，晚上要防野兽从羊群后面出现，中午防野兽从低洼沟出现。

2）防毒蛇危害。牧民的经验是：冬季挖土找群蛇、放火烧死蛇，其他季节是“打草惊蛇”。

3）防毒草危害。毒草多生长在潮湿的阴坡上，幼嫩时毒性大。牧民经验是：迟牧、饱牧，即等毒草长大后，让山羊吃饱草后再放到这些混生毒草地区，可免受其害。

三、四季放牧要点

1. 春季放牧

春季气候逐渐转暖，枯草逐渐转青，是羊由补饲逐渐转入全放牧的过渡时期。初春时，羊经漫长的冬季，膘情差，体质弱，产冬羔的母羊处于哺乳期，加之气候不稳定，容易出现“春乏”的现象。这时，牧草刚开始萌发，羊看到一片青，却难以采食，疲于奔青找草，增加了体力消耗，更易加速瘦弱羊的死亡。因此，羊的春季放牧要突出一个“稳”字，放牧员应走在羊的前面，控制好羊的游走速度，防止羊因“跑青”而掉膘。对弱羊和带仔母羊要单独组群、就近放牧、加强补饲。

在南方农区和半农半牧区，牧草返青早，生长快，有利于羊的放牧，但当草场中豆科牧草比例较大时，放牧要特别小心。因为此时的豆科牧草生长旺盛、质地细嫩，含有较多的水分，而其他牧草多处于枯黄或刚开始萌芽阶段，产量有限，羊采食过多豆科牧草会引起瘤胃臌气而死亡。在这些地区，春季是臌气病的高发期，必须引起重视。出牧前，可先补饲一定量的干草或混合精饲料，适量供应饮水，使羊在放牧时不会大量抢食豆科牧草。发现臌气的羊要及时处理。

2. 夏季放牧

夏季牧草茂盛、营养价值高，是羊恢复体况和抓膘的有利时期。春末的5~6月也是牧区最繁忙的阶段。羊的整群鉴定、剪毛抓绒量、防疫注射、药浴驱虫及冬羔的断奶、组群等工作，都需在此期间完成，同时，还要做好转场放牧的准备工作。因此，必须精心组织和合理调配劳动力，做到不误时节。

夏季一般选择干燥凉爽的山坡地放牧，可减少蚊蝇的侵袭，使羊能安心吃草。中午气温较高时，要把羊赶到阴凉的场地休息或采食，要经常驱动羊群，防止出现“扎窝子”；应避免在有露水或雨水的苜蓿草地放羊，防止臌气病的发生。尽量延长羊群早、晚放牧的时间。在山顶上放牧时，采用“满天星”的放牧队形（即散放）。

绵羊放牧时，上山下山要盘旋而行，避免直上直下和紧追快赶；要经常检查羊的采食情况和体况；对病羊、弱羊要查明原因，及时进行治疗或补饲，确保母羊进入繁殖季节后能正常发情和受胎；加强羔羊、育成羊的放牧和补饲，搞好春羔的断奶工作。

3. 秋季放牧

秋季放牧的重点是抓膘、保膘、做好羊的配种。

秋季气候凉爽、蚊蝇较少，牧草正值开花、结实期，营养丰富，秋季抓膘的效果比夏季好，也是羊放牧育肥的有利时期。

经夏季放牧后，羊的体况明显恢复、精力旺盛、活动量大，再加之逐渐进入繁殖季节，公羊吃草不专心、游走范围增大、争斗增加，常对母羊进行骚扰，影响母羊采食。为使羊群不掉膘，应加强放牧管理，控

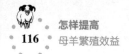

制好羊群的放牧速度和游走范围。

放牧的经验是："夏抓肉膘，秋抓油膘。抓好夏膘放肥羊，抓好秋膘奶胖羊"。为此，秋季放牧要延长时间，做到"早出、晚归、中午不休息"。配种开始前，要对羊群进行一次全面的健康检查，开展驱虫、修蹄等工作。

秋季放牧时，要避免将羊放在以有芒、有刺的植物为主的草场，以免带刺的种子落入羊的被毛而刺入皮肤和内脏器官，造成损伤。同时，要充分利用打草和农作物收获后的茬地放牧，使羊能吃到鲜嫩的牧草。秋季要做好母羊的配种繁殖工作。

4. 冬季放牧

冬季放牧的主要任务是保膘、保胎，防止母羊发生流产。

入冬前，对羊的体况进行一次检查，并根据冬草场的面积、载畜量和草料储备情况，确定存栏规模，淘汰部分年老羊、体弱羊和"漂沙"母羊（指连续2年以上不能配种受胎的母羊）；在干旱年份更应该适当加大出栏量，以减轻对草场的压力。每只成年母羊的年干草储备量为250～300千克，混合精饲料量为50～150千克。

在冬季积雪较多的地区放牧，要首先利用地势低洼的草地，后利用地势较高的坡地或平地，以免积雪过厚导致羊不能利用而造成牧草浪费；天气晴好时放远处，雪后初晴时放近处，大风雪天则将羊留在圈内饲养。在放牧中突遇暴风雪时，应将羊及时赶回或赶到山坡的背风面，不能让羊四处逃跑，以免造成丢失和死亡。冬季早晨出牧的时间可稍稍推迟，待牧草上的水分稍干后再放牧，可减少母羊的流产。

羊的棚、圈设施要因地制宜、大小适当、防寒保暖、方便管理。入冬前，要对圈舍进行检查、维修，避免"贼风"的侵袭。近年来，我国北方采用的塑料大棚舍饲方法，增温效果好，建造成本低，经济实用，在高寒牧区很有推广价值。

第三节　标准化饲养管理的误区

一、忽视羊饲养管理技术的重要性

（1）误区　在羊的生产过程中，有相当一部分人没有意识到羊饲养管理的重要性，认为养羊技术含量不高，只要提供充足的饲料，羊就能养好，结果往往导致羊群生产水平上不去，养羊经济效益低下。

（2）解决办法

1）提高饲养人员的业务素质。饲养人员业务素质的优劣，直接关系到羊饲养管理的质量，各养殖场要高度重视饲养人员的培训工作，让饲养人员按时参加当地业务部门举办的养羊培训班，系统学习羊饲养管理技术，不断提升羊饲养管理水平，多参观学习先进的养羊理论知识和实践经验。

2）制定合理的饲养管理规程并严格执行。在开始养羊之前，必须根据养殖场自身的特点结合所养羊群品种、数量、羊群结构等制定合理的饲养管理规程，在公、母羊不同生理阶段，对不同羊群的饲料配制、饮水供应、运动、清洁卫生、消毒防疫、冬季保暖、夏季防暑等进行严格控制，力争使羊群在最优的环境条件下发挥最好的生产性能。

二、日粮中精、粗饲料比例不当

（1）误区 有的羊场特别是肉羊场，为了让羊快速增重，大量饲喂精饲料，粗饲料饲喂比例偏低，结果违背羊的消化特点，不仅危害羊的健康，而且增加了饲料成本。

（2）解决办法 羊属于草食家畜，肉羊的精饲料饲喂量不是越多越好，以不超过日粮的60%为宜。粗饲料不仅能为羊提供营养，还有一个重要的功能就是粗饲料所含纤维素能刺激羊消化道蠕动，加快饲料消化与吸收过程。如果纤维素缺乏，羊胃肠道蠕动不够，食物在肠道中滞留时间过长，很可能发酵产生一些有毒物质进入羊血液中，易引起消化不良、酸中毒等，危害羊的健康。

三、忽视饮水的供给

（1）误区 在羊的饲养过程中，有的养殖户认为羊吃饱就好，忽视饮水的供给量或让羊饮用不洁净的水，影响羊的正常代谢，甚至引发寄生虫病、传染病或消化道疾病。

（2）解决办法 羊长期饮水不足，就会引起唾液减少、瘤胃发酵困难、消化不良而导致体躯消瘦。因此，应按每只羊日供水量3~5升的标准，使其自由饮用。此外，羊喜欢清洁饮水，尤其是山羊常常拒饮被污染的水。最好用深井水或流动的清洁河水。一般情况下，人能够饮用的水对羊也是安全的。

四、没有进行分群饲养管理

（1）误区 有些养殖户为了图方便，放牧时将大羊小羊、公羊母羊、弱羊壮羊、病羊健羊甚至绵羊山羊同舍混养在一起。这种饲养管理，很难满足不同年龄、品种、性别、体况的羊的不同生活习性和生理需要，最终造成小羊长不大、弱羊长不壮、病羊好不了、种羊滥交滥配等许多不良后果。公母混群饲养则出现近交衰退现象，如繁殖力减退、死胎和畸形增多、生活力下降、适应性变差、体质变弱、生长缓慢及生产力降低等。

（2）解决办法 养羊时把不同年龄、品种、性别、体况的羊分舍饲养，设立专用的产房、羔羊舍、肉羊舍、母羊舍、公羊舍、病羊隔离舍，并配以相应的饲养管理方法。公羊和母羊在性成熟时必须分群饲养，配种期的公羊应远离母羊舍，并单独饲养，以减少发情母羊和公羊之间的相互干扰。饲养时，按大小、强弱、病、孕标准分群，避免大欺小、强欺弱、病羊或孕羊因抢不到草料而饿死等情况的出现。

五、饲养方式错误

（1）误区 羊的饲养方式一般有放牧饲养和舍内饲养。在我国农区，一些养殖户认为放牧饲养投入少，管理简单，可以获得好的经济效益，所以坚持放牧饲养，这实际也是一个误区。

（2）解决办法 羊是草食性反刍动物，除了采食外，还需要花大量时间进行反刍。在农区，作物连片耕种，几乎没有多余的空间用于放牧，羊为了多采食，必须游走很长的距离，从而花费更多的时间在寻找食物上面，没有时间进行反刍。另外，羊生性喜好干净，吃干净的草，饮清洁的水。在放牧过程中，羊为了寻找干净的青草和饮水往往精力分散，既增加了体力消耗，又不能够充分采食，再加上放牧基本上是在白天，羊夜间进食很少，易造成其摄食量不足。所以，在农区养羊应采取舍饲方式，因为舍饲不但可以提高羊的育肥速度，提高出栏率，而且可以通过秋季青贮或在麦田、油田套种冬季牧草的方法保证饲草供应，获得较好的生产效益。

六、忽视舍饲羊需要的运动量

（1）误区 一些养殖户片面地认为舍饲羊不用放牧，把羊当作猪养，整日关在羊舍里，很少到舍外运动，结果引起羊生理机能下降，主要表现在：一是母羊发情不明显、配种率低、受胎率低、易难产，公羊性欲减退、精液质量差、影响种羊繁殖性能；二是羊的体质差，抗病力弱，易感冒、消化不良、中暑、患传染性疾病。

(2) 解决办法 适量的舍外运动对舍饲羊生长发育、交配繁殖有极其重要的作用。每天要保证羊有充足的运动，才能促进羊的新陈代谢，增强食欲，保持正常繁殖，防御疾病。因此，一般舍饲羊每天要保持1.5千米的运动量，山羊比绵羊还要多些。

七、舍饲养羊饲养密度过大

(1) 误区 羊在一天中要有较长时间用来采食饲草、进行反刍。所以，羊舍中要保持有足够的槽位、活动空间和休息场地。在生产中，为降低基建成本，所建羊舍面积小而饲养羊的数量多，造成饲养密度过大、拥挤、相互争夺槽位、相互践踏，极易引起羊营养不良、母羊流产、羔羊生长受阻、外伤等不良后果。

(2) 解决办法 舍饲时，每只绵羊需要有1.5~2.5米^{2}的羊舍面积，每只山羊则需要有2.0~3.0米^{2}的羊舍面积。

八、羔羊断奶时间过早

(1) 误区 许多养殖户将1月龄羔羊强行断奶，但断奶后未能给予特别照顾，导致羔羊生长发育受到严重影响，死亡率高，养殖效益低。

(2) 解决办法 羔羊大约到7周龄时能较好地消化粗饲料，此时可以断奶。但是此时断奶的羔羊仅靠采食粗饲料无法获得足够的营养，必须供给一定量的易消化全价配合饲料、足够的优质青干草和清洁饮水。另外，羔羊断奶应经过7~10天的逐渐适应期，切忌突然断奶，以防止羔羊出现严重的断奶应激现象。

九、育肥方式不适宜

(1) 误区 肉羊育肥方式虽然较多，但主要的有舍饲育肥与放牧育肥两种，这两种育肥方式只有与当地实际条件相结合，才能取得较好的育肥效果。但有些地方的养殖户参观别人的养殖场后，不根据自己的实际情况而直接照搬，因育肥方式与自己的实际条件不合，导致生产效益差。

(2) 解决办法 育肥方式一定要结合自己的资源条件。在资源丰富且饲草品质优良的牧区，可利用青草期牧草茂盛、营养丰富和羊增肥速度快的特点进行放牧育肥，将育肥所需饲料成本降为最低，是最经济的育肥方式；在缺乏放牧地但农作物秸秆和粮食饲料资源丰富的农区，则可开展舍饲育肥，尽管这种育肥方式较放牧育肥的饲料和圈舍资金投入相对较高，但可按市场需要进行规模化、工厂化生产，使房舍、设备和劳动力得到充分利用，生产效率高，从而也可获得很好的经济效益；若放牧地区饲草条件较差，或为了提高放牧育肥羊的增重速度，则可采用放牧加舍饲的混合育肥方式，较放牧育肥可缩短肉羊生产周期、增加肉羊出栏数和出肉量，较舍饲育肥成本低。对于具有放牧条件和一定补饲条件的地区，混合育肥是肉羊生产的最佳育肥方式。

十、出栏不适时

（1）误区 有的养殖户认为羊养的越大、卖钱越多、获利越多，或者育肥羊到了出栏时间，但因市场价格不好而推迟出栏，继续饲喂。其实羊长到 20 千克后就开始生长放缓、增重率降低，继续饲喂费料费工，经济效益会降低。

（2）解决办法 成年羊，一般经过 60～80 天育肥即可出栏，出栏体重及屠宰率与品种有关。羔羊，一般大型肉用山羊品种 3～5 月龄出栏，体重可到 25～30 千克；小型肉用品种 8～9 月龄出栏，体重为 24～27 千克。

第七章
建造标准化羊舍，提高羊群的繁殖力

第一节　建造标准化羊舍的主要途径

一、合理选择羊舍场址

1. 羊舍选址的基本要求

（1）地形　地形要开阔整齐，面积要足够。地上附着物如房屋、树木等要少，以减少清理的施工费用。避免选择狭长、不规则或边角过多的地块，否则不利于建筑物的合理布局，还会延长生产作业线和管线的布置，降低土地利用率。养羊场面积的确定应根据规模、集约化程度、饲养管理方式和饲料供应情况等确定。用地应遵循节约的原则，但应考虑为今后的发展留有余地。

（2）地势　绵羊、山羊均喜干燥，厌潮湿。所以干燥通风、冬暖夏凉的环境是羊最适宜的生活环境。因此，羊舍场址要求地势高燥，地面平坦稍有坡度（坡度一般以1%~3%为宜，最大不超过25%），以便排水。坡地应选背风向阳面，避开低洼潮湿地，远离沼泽地，地势应高出当地历史洪水线1~2米，地下水位应在2米以下。

【注意】

切忌选在低洼涝地、山洪水道、冬季风口之地。

（3）水源　羊生产过程中的需水量比较大，除了供羊饮用以外，羊舍的冲洗也需要大量的水。在选择场址时应该重点考虑水源。应选择水源供应充足、清洁无严重污染源、上游地区无严重排污厂矿、无寄生虫污染危害区。主要以舍饲为主时，水源以自来水为最好，其次是井水。舍饲羊日需水量大于放牧，夏、秋季大于冬、春季。

(4) 供电 养殖场应尽量靠近原有输电线路，以缩短架设新线的距离。养殖场应有备用电源，以便停电时紧急使用，保证场内用电可靠稳定。

(5) 交通 交通便利，能保证防疫安全。距高速公路、铁路和交通干线应不少于 1 千米，距一般道路应不少于 500 米，有专用道路与公路相连，避免将养殖区连片建在紧靠主要公路的两侧。场内兽医室、病畜隔离室、储粪池、尸坑等应位于羊舍的下风方向，且距离 500 米以上。各圈舍间应有一定的隔离距离。

(6) 环境 养殖场应位于居民区的下风向且地势低于居民区，不影响周围居民的正常生活，但要避开其污水排出口，更不能选在化工厂、屠宰场、制革厂等易产生污染的企业下风处或附近。与居民区之间的距离，一般应不少于 3 千米；距离屠宰场、制革厂、化工厂不少于 1.5 千米；距离其他养殖场、兽医机构不少于 2 千米。

(7) 避免人畜争地，做好废弃物处理 选择在荒坡闲置地建场，禁止选择基本农田保护区。若附近有较大的种植区域可以吸纳粪污，应建设配套的排污处理设施场地，使有机废弃物经处理达标后能够循环利用。禁止在旅游区、自然保护区、人口密集区、水源保护区、环境公害污染严重的地区及国家规定的禁养区建设养羊场。

2. 修建羊场应遵循的原则

(1) 因地制宜 羊场的规划、设计及建筑物的营造绝对不可简单模仿，应根据当地的气候、场址所在地块的形状、地形地貌、小气候、土质及周边实际情况进行规划和设计。例如，在平地建场，必须搭棚盖房；而在沟壑地带建场，挖洞筑窑作为羊舍及用房将更加经济实用。

(2) 适用经济 建场修圈不仅必须适应集约化、程序化肉羊生产工艺流程的需要和要求，而且投资还要少。也就是说，该建的一定要建，而且必须建好，与生产无关的绝对不建，绝不追求奢华。因为肉羊养殖业毕竟只是一种低附加值的产业，任何原因造成的生产经营成本的增加，要以微薄的盈利来补偿都是不易的（彩图 22、彩图 23）。

(3) 急需先建 羊场的选址、规划、设计全都做好以后，一般不是从一开始就把全部场舍都建设齐全以后再养羊，而是应当根据经济能力，以及根据达到能够盈利规模的需要先行建设，并使羊群尽快达到这种盈利规模。

(4) 逐步完善 一个羊场，特别是大型羊场，基本设施的建设一般都是分期分批进行的，像单身母羊舍、配种室、怀孕母羊舍、产房、带仔母羊舍、种公羊舍、隔离羊舍、兽医室等设计、要求、功能各不相同的设施，绝对不能一次修建齐全以后才开始养羊。在这种情况下，为使功能问题不影响生产，若为复合式经营，可先建一些功能比较齐全的带仔母羊舍暂代别的羊舍使用。至于办公用房、产房、配种室、种公羊圈，可在某栋带仔母羊舍的某一适当位置留出一定的间数，暂改他用，以备生产急需。等别的专用羊舍、建筑建好以后，再把这些临时占用的带仔母羊舍逐渐恢复，用于饲养带仔母羊。

二、合理选择羊舍类型和式样

羊舍的功能主要是为了保暖、遮风避雨和便于羊群的管理。适用于规模化饲养的羊舍，除了具备以上基本功能外，还应该充分考虑生产不同类型羊（绵羊、山羊）的特殊生理需要，尽可能保证羊群能有较好的生活环境。羊舍主要分为以下几种类型：

1. 长方形羊舍

这是我国养羊业采用较为广泛的一种羊舍形式。这种羊舍具有建筑方便、变化样式多、实用性强的特点。可根据不同的饲养地区、饲养方式、饲养品种及羊群种类，设计内部结构、布局和运动场（图 7-1、彩图 24）。

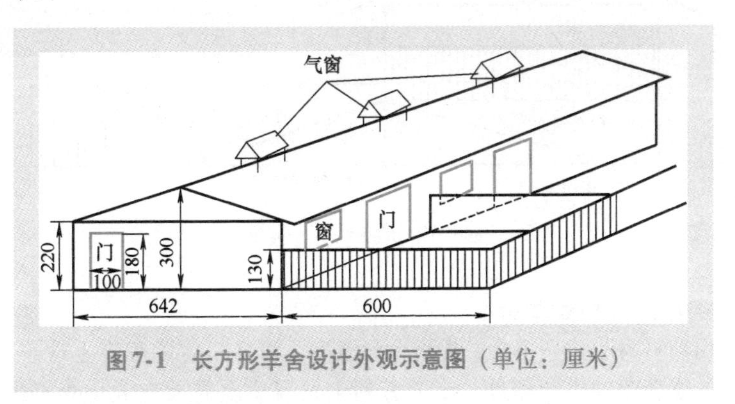

图 7-1　长方形羊舍设计外观示意图（单位：厘米）

在牧区，羊群以放牧为主，除在冬季和产羔季节利用羊舍外，其余大多数时间均在野外过夜，羊舍的内部结构相对简单些，只需要在运动场安放必要的饮水槽、饲槽及草架等设施。以舍饲或半舍饲为主的养羊区或以饲养奶山羊为主的羊场和养殖户，应在羊舍内部安置草架、饲槽和饮水槽等设施。

以舍饲为主的羊舍多修为双列式，双列式又分为对头式和对尾式两种。双列对头式羊舍中间为走道，走道两侧各修一排带有颈枷的固定饲槽，羊采食时头对头。这种羊舍有利于对羊的饲养管理及采食的观察。双列对尾式羊舍的走道、饲槽和颈枷靠羊舍两侧窗户而修，羊尾对尾。双列式羊舍的运动场可修在羊舍外的一侧或两侧。羊舍内可根据需要隔成小间，也可不隔；运动场同样可分隔，也可不分隔。

2. 楼式羊舍

在气候潮湿的地区，为了保持羊舍通风干燥，可修建漏缝地板式羊舍。夏、秋季，羊住楼上，粪尿通过漏缝地板落入楼下地圈；冬、春季，将楼下粪便清理干净后，楼下住羊，楼上堆放干草饲料，防风防寒，一举两得。漏缝地板可用木条、竹子铺设，也可采用水泥预制，漏缝缝隙为1.5~2厘米，间距3~4厘米，与地面间的距离为2.0米左右。楼上开设较大的窗户，楼下则只开较小的窗户，楼上面对运动场一侧既可修成半封闭式，也可修成全封闭式。饲槽、饮水槽和草架等均可修在运动场内（图7-2、彩图25、彩图26）。

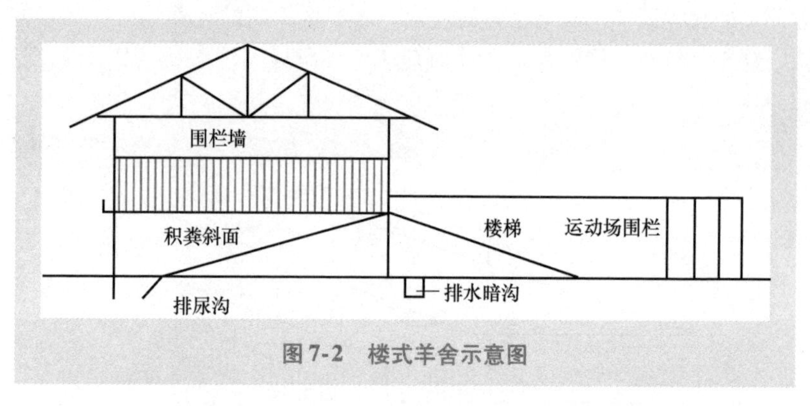

图7-2 楼式羊舍示意图

3. 塑料大棚式羊舍

用塑料薄膜建造羊舍，提高舍内温度，可在一定的程度上改善寒冷地区冬季养羊的生产条件，十分有利于发展适度规模专业化养羊生产，而且投资少，易于修建。塑料大棚式羊舍的修建，可利用已有的简易敞圈或羊舍的运动场，搭建好骨架后扣上密闭的塑料薄膜即可。骨架材料可选用木材、钢材、竹竿、铁丝、铅丝和铝材等。可选用白色透明、透光好、强度大、厚度为100~120微米、宽度为3~4米、抗老化和保温好的塑料薄膜，如聚氯乙烯膜、聚乙烯膜等。塑料大棚式羊舍可修成单斜面式、双斜面式、半拱形和拱形。塑料薄膜可覆盖单层，也可覆盖双层。棚内圈舍排列，既可为单列，也可为双列，而结构最简单、最经济实用的为单斜面单层单列式（图 7-3、彩图 27）。

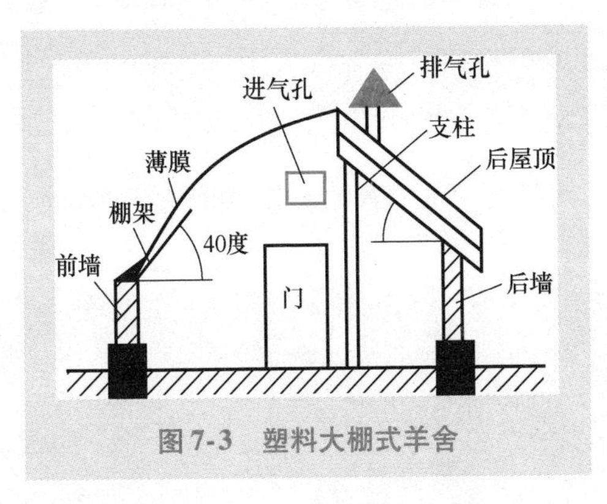

图 7-3　塑料大棚式羊舍

棚舍坐北向南，中梁高 2.5 米，后墙高 1.7 米，前沿墙高 1.1 米。后墙与中梁间用木材搭棚，中梁与前沿墙间用竹片搭成弓形支架，上面覆盖单层或双层膜。棚舍前后跨度 6 米、长 10 米，中梁垂直地面与前沿墙距离 2 ~ 3 米。山墙一端开门，供饲养员和羊群出入，门高 1.8 米、宽 1.2 米。在前沿墙基离地 5 ~ 10 厘米处留进气孔，棚顶开设 1 ~ 2 个排气百叶窗，排气孔应为进气孔面积的 1.5 ~ 2 倍。棚内可沿墙设补饲槽、产仔栏等设施。棚内圈舍可隔离成小间，供不同年龄的羊使用。在北方地区的寒冷季节（1 ~ 2 月和 11 ~ 12 月），塑料薄膜大棚羊舍内的最高温度可达 5℃，最低温度为 -2.5℃，分别比棚外温度提高 5.9℃ 和 25.1℃，可基本满足羊的生长发育要求。

三、羊舍建造的基本要求

1. 羊舍面积的确定

羊舍应有足够的面积，以羊在舍内不拥挤、能自由活动为宜。羊舍面积过小，则舍内潮湿、脏污和空气不良，有碍羊的健康，且不便管理；若面积过大，不但浪费，且不利于冬季保温。羊舍面积可视羊群规模大小、品种、性别、生理状况和当地气候等情况确定，一般以保持舍内干燥、空气新鲜，利于冬季保暖、夏季防暑为原则。不同生产目的的羊，以及处于不同生长发育阶段的羊，所需要的面积是不相同的，具体见

表7-1和表7-2。另外，产羔室可按产羔母羊数为基础母羊数的20%～25%计算面积。每间羊舍不应养太多羊，否则不但不利于管理，而且会增加疫病传播的机会。

表7-1 各种羊所需的羊舍面积 （单位：米^2/只）

类型	细毛羊、半细毛羊	奶山羊	绒山羊	肉羊	毛皮羊
面积	1.5～2.5	2.0～2.5	1.5～2.5	1.0～2.0	1.2～2.0

表7-2 不同发育阶段的羊所需的羊舍面积

（单位：米^2/只）

类　型	面　积
周岁母羊	0.7～0.8
成年空怀母羊	0.8～1.0
妊娠或哺乳母羊	2.0～2.3
去势羔羊	0.6～0.8
成年羯羊或育成公羊	0.7～1.0
群饲公羊	2.0～2.5
单饲公羊	4.0～6.0

2. 地面

地面是羊运动、采食和排泄的地区，建筑用的材料有土、砖、水泥和木质地面等。

（1）土质地面 属于暖地面（软地面）类型。土质地面柔软，富有弹性也不光滑，易于保温，造价低廉。缺点是不够坚固，容易出现小坑，不便于清扫消毒，易形成潮湿的环境。用土质地面时，可混入石灰增强黄土的黏固性，也可用三合土（石灰∶碎石∶黏土＝1∶2∶4）地面。

（2）砖砌地面 属于冷地面（硬地面）类型。因砖的空隙较多，导热性小，所以具有一定的保温性能。用于成年母羊舍时，因粪尿相混的污水较多，容易造成不良环境。又由于砖地易吸收大量水分，破坏其本身的导热性而变冷变硬。砖地吸水后，经冻易破碎，加上本身易磨损的特点，容易形成坑穴，不便于清扫消毒。所以用砖砌地面时，砖宜立砌，不宜平铺。

（3）水泥地面 属于硬地面类型。其优点是结实、不透水、便于清扫消毒，缺点是造价高、地面太硬、导热性强、保温性能差。为防止地面湿滑，可将水泥地面表面做成麻面。

（4）漏缝地板　集约化饲养的羊舍可建造漏缝地板，用厚3.8厘米、宽6~8厘米的水泥条筑成，缝隙宽1.5~2.0厘米。漏缝地板羊舍需配以污水处理设备，造价较高，国外大型羊场和我国南方一些羊场已普遍采用（图7-4、彩图28、彩图29）。

图7-4　羊舍内漏缝地板

3. 羊床

羊床是羊躺卧和休息的地方，要求洁净、干燥、不残留粪便和便于清扫，可用木条或竹片制作，木条宽3.2厘米、厚3.6厘米，缝隙宽要略小于羊蹄的宽度，以免羊蹄漏下折断羊腿。羊床大小可根据圈舍面积和羊的数量而定。

【提示】

商品漏缝地板是一种新型羊床材料，在国外已普遍采用，因价格较高而未能在国内普及。

4. 墙体

墙体对羊舍的保温与隔热起着重要作用，一般多采用土、砖和石等材料。近年来，建筑材料科学发展很快，许多新型建筑材料如金属铝板、钢构件和隔热材料等，已经用于各类羊舍建筑中。用这些材料建造的羊舍，不仅外形美观、性能好，而且造价也不比传统的砖瓦结构建筑高多少，是未来大型集约化羊场建筑的发展方向。

5. 屋顶和天棚

屋顶应具备防雨和保温隔热功能。挡雨层可用陶瓦、石棉瓦、金属板和油毡等制作。在挡雨层的下面，应铺设保温隔热材料，常用的有玻璃丝、泡沫板和聚氨酯等保温材料。

6. 运动场

单列式羊舍应坐北朝南，所以运动场应设在羊舍的南面；双列式羊舍应南北向排列，运动场设在羊舍的东西两侧，以利于采光。运动场地面应低于羊舍地面，并略微向外倾斜，便于排水和保持干燥（彩图 30）。

7. 围栏

羊舍内和运动场四周均设有围栏，其功能是将不同大小、不同性别和不同类型的羊相互隔离开，并限制在一定的活动范围之内，以便于科学管理，提高生产效率。

围栏高度在 1.5 米较为合适，材料可以是木栅栏、铁丝网、钢管等。山羊围栏必须有足够的强度和牢固度，因为与绵羊相比，山羊的顽皮性、好斗性和运动撞击力要大得多。

8. 食槽和水槽

食槽和水槽应尽可能设计在羊舍内部，以防雨水和冰冻。食槽可用水泥、铁皮等材料制造，深度一般为 15 厘米，不宜太深，底部应为圆弧形，四角也要用圆弧角，以便清洁打扫。水槽可用成品陶瓷水池或其他材料，底部应有放水孔（彩图 31、彩图 32）。

四、羊场的基本设施

1. 饲槽、草架

在以放牧为主的羊场，饲槽用于冬、春季补饲混合精饲料、颗粒饲料、青贮饲料和供饮水之用。草架主要用于补饲青干草。饲槽和草架有固定式和移动式两种。固定式饲槽可用钢筋混凝土制作，也可用铁皮、木板等材料制成，固定在羊舍内或运动场。草架可用钢筋、木条和竹条等材料制作。饲槽、草架的长度应使每只羊采食时不相互干扰，羊脚不能踏入槽中或架内，并避免架内草料落在羊身上。

2. 多用途活动栏圈

多用途活动栏圈主要用于临时分隔羊群及分离母羊与羔羊，可用木板、木条、原竹、钢筋、铁丝等材料制作。栏的高度视其用途可高可低，一般羔羊栏高 1～1.5 米，大羊栏高 1.5～2 米，可做成移动式，也可做成固定式。

3. 药浴设备

为了防治螨虫病及其他体外寄生虫病，每年要定期给羊群药浴或药淋。

在大中型羊场或养羊较为集中的乡镇，可建造永久性药浴设施（大型药浴池）。药浴池有流动式和固定式两种，羊数量少时可采用流动药浴。药浴池应建在地势较低处，远离居民区和人、畜饮用水水源。用砖、石、水泥等建造成狭长的水池，长 10 ~ 12 米，池顶宽 60 ~ 80 厘米，池底宽 40 ~ 60 厘米，深 1 ~ 1.2 米，以装药液后羊不致淹没头部为宜。入口处设漏斗形围栏，内为陡坡，以便羊按顺序并快速滑入池中。出口为斜坡，并且有小台阶，可防止羊滑倒。外设滴流台，以便羊体表滴流下来的药液流回池内（图 7-5）。在牧区或养羊较少且分散的农区，可采用小型药浴池，或用防水性能良好的帆布加工制作成活动药浴设施。

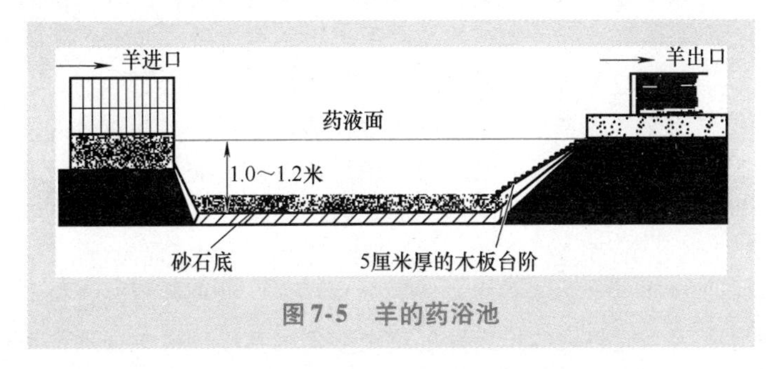

图 7-5　羊的药浴池

采用药淋方式则应建造淋浴场，配备相应的喷淋药械。淋浴式药淋是使用转动式淋头对大羊群进行喷淋。药淋装置包括淋浴设备及地面围场两部分。淋浴设备包括上淋管道、喷头、下喷管道、过滤筛、搅拌器、螺旋式阀门、水泵和动力设备等。地面围场部分包括淋场、待淋场、滴液场、药液池和过滤系统等。药液使用后经回收、过滤后循环使用。淋浴时，用泵将池内药液送至上、下管道，经喷头对羊体进行喷淋。

4. 青贮设备

青贮的方式有多种，常用的有青贮窖青贮、塑料袋青贮和拉伸膜裹包青贮，详见本书第五章第二节内容。

5. 兽医室

为了预防和治疗羊病，羊场内应修建兽医室，并配备必需的兽药及器械，如消毒器械、诊疗器械、投药和注射器械等。

6. 监控系统

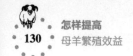

监控系统分为监视和控制两个部分。监视系统主要由摄像头、信号分配器和监视器等组成，生产管理者通过该系统能够随时观察了解生产现场情况，现在通过网络也可以直接在手机上查看，方便及时处理可能发生的事件。目前，该设备可网上购买，价格十分便宜，安装方便。

第二节　羊场建设中存在的误区

一、不重视场址选择

（1）误区　场址的选择直接关系到羊场正常生产管理的顺利进行和与周边居民之间的关系，以及环境的协调。有些养殖户建场时忽视场地选择，认为只要有个地方就能养羊，考虑不周全，最后导致一系列问题的出现，严重影响生产。如有的场地距离居民点过近，养羊产生的粪污和臭气影响居民的生活，两者之间的矛盾导致养羊生产受阻，损失较大；有的养殖户选择场地时不注意水源选择，选择的场地水源质量差或水量不足，投产后给生产带来不便或增加生产成本；有的养殖户选择的场地低洼积水，排水不良，常年潮湿污浊，通风不畅；有的羊场靠近噪声大的企业、厂矿，羊群遭受应激，或靠近污染源，疫病不断发生。

（2）解决办法　科学合理选择养殖场场址，做到养殖场建设科学化和标准化，为今后养殖的长远发展奠定坚实的基础。科学合理选址至少应考虑自然条件和社会条件。自然条件包括地势、地形、土壤、水源、气候等，社会条件包括羊场与周围环境的配置关系、饲料供应与产品销售、交通供电、污染物处理等。选择场址时，首先，要提高认识，必须充分认识到场址对安全高效养羊的重大影响；其次，地势要高燥，背风向阳，朝南或朝东南，最好有一定的坡度，以利于光照、通风和排水；第三，羊场用水要考虑水量和水质，水源最好是地下水，水质清洁，符合饮水卫生要求；第四，羊场与居民点、村庄保持一定的距离，远离兽医站、医院、屠宰场、其他养殖场等污染源、交通干道和工矿企业等。具体选址要求详见本章第一节内容。

二、养殖场内各区域或建筑物布局不合理

（1）误区　养殖场的规划布局合理与否直接影响场区的生物安全隔离和疫病控制。有的养殖场不重视或不知道怎样进行规划布局，不分生

产区、管理区、隔离区和生活区，或各功能区没有隔离设施，人员相互乱串，设备不经处理随意共用。还有羊舍之间间距过小、储粪场所靠近羊舍、没有隔离卫生设施等。有的养殖小区缺乏科学规划，区内不同建筑物布局不合理，养殖户各自为政等，使养殖场或小区不能进行有效隔离，病原相互传播，疫病频繁发生。

（2）解决办法

1）场地布局。养殖场一般包括生产区、管理区、隔离区和生活区4个主要功能区。场地布局时要综合考虑养殖生产和防疫的需要，在风向和地势选择上，生活区在高地势和上风向，然后依次是管理区、生产区和隔离区，隔离区位于低地势和下风向。生活区位于地势最高处，主要建设职工宿舍和食堂等，该处应与养殖场分离，一般在养殖场外围，保证有良好的卫生和饮水条件。管理区一般是行政办公的地方，主要设置人员办公室、饲料储存间、杂物间及消毒间、洗澡间。管理区与生产区要相邻，便于生产管理。在进入生产区的路线上应设置消毒通道，物料有专门的进入通道，配备完整的消毒设施。生产区是羊生活的重要场所，外来车辆和人员禁止入内，养殖场应配备专门的养殖饲养管理人员，保证平时生产区安静和环境舒适，注意通风和保暖，及时清理粪便，做好卫生消毒工作，物料进出也都要消毒处理。生产区内要做好蚊蝇等的消灭工作，防止疫病传播和扩散。隔离区主要用于发生疫情时对病羊进行隔离，主要包括隔离饲养室，病死羊剖检室和物料储存室。隔离区一般设在下风向和低地势的地方，隔离区的物品严禁带入生产区，物料要专门运输和保管。发生疫情时，病死羊要严格消毒并做无害化处理。养殖场要设有化粪池且设在养殖场的下风向和低地势的地方，养羊产生的粪便要及时清理并送化粪池处理。

2）养殖场建筑物设计与布局。养殖场建筑物在设计时要综合考虑位置和朝向，注意间距和采光，建筑物在设计上要考虑功能要求，既要满足生产需要，还要满足卫生防疫要求；既要通风良好，还要阳光充足，同时注意节约用地。养殖场建筑物设计要与实际相符合，与外界接触较多的生活区和管理区要设在靠近养殖场出口的位置，行人和车辆进出要分别有消毒池，配备合理大小的更衣室。对羊生产区，按照养殖流程在上风向和高地势处设置种羊舍和保育舍，分娩舍要靠近繁殖舍和幼羊培育舍，育肥舍一般在下风向位置。隔离区要与生产区分离，间隔至少50米以上，设于养殖场地势最低的下风向位置。养殖场建筑物一般坐北朝南，生产区的羊舍要保证通风和采光，避免阳光直射，各建筑物之间的间距要适宜，要有防火措施，间距过大则占地多，间距过小不利于通风和防火。

三、不重视养殖场内的绿化

（1）误区 羊场的绿化需要增加场地面积和资金投入。由于对绿化的重要性缺乏认识，许多羊场认为绿化只是美化一下环境，没有什么实际意义，还需要增加投入、占用场地等，设计时缺乏绿化设计的内容，或即使有设计但为减少投入而不进行绿化，或场地小没有绿化的空间等，导致羊场夏季太阳辐射强度大，冬季风沙大，场区环境差。

（2）解决办法 养殖场要有绿化设施，这样既可以改善场内环境，还可以净化空气，美化环境，起到有效降低粉尘和噪声、防控疫病扩散传播的作用。有条件的养殖场可以设计绿化带，一般在养殖场设计防风林，羊舍周围的树木可以夏季遮阳，冬季防风；在养殖场空地可以种植花草，也能起到绿化作用。

四、羊舍过于简陋

（1）误区 目前养羊多采用舍内高密度饲养，舍内环境成为制约羊生长发育、生产和健康的最重要条件。舍内环境的优劣与羊舍建筑设计有密切关系。由于观念、资金等条件的制约，养殖者没有充分认识到羊舍的作用，忽视羊舍建设，不舍得在羊舍建设中多投入，导致羊舍过于简陋，保温隔热性能差，舍内温度不易维持，使羊遭受的应激多。冬天舍内热量容易散失，舍内温度低，羊采食量多，饲料转化率低，维持较高的温度需要的采暖成本极大增加；夏天外界太阳辐射热容易通过屋顶进入舍内，舍内温度高，羊采食量少，生长慢，降低温度需要较多的能源消耗，也增加了生产成本。

（2）解决办法 羊舍的保温和供暖主要包括外围护结构的保温设计、建筑防寒设计、羊舍供暖及加强管理措施。其中，羊舍的保温设计要根据地区气候差异和羊生理的要求选择适当的建筑材料和合理的羊舍外围护结构，使围护结构总热阻值达到基本要求，这是羊舍保温隔热的根本措施。建筑防寒措施主要包括选择适于防寒的羊舍建筑形式、羊舍的朝向、门窗设计、减少外围护结构的面积及羊舍屋顶、天棚、墙壁和地面的保温隔热设计。

采用各种防寒措施仍不能达到舍温的要求时，需采取供暖措施。对

于成年羊舍，基本上可以有效利用羊体自身产生的热能维持适当的舍温。对于羔羊，由于其热调节机能发育不全，又要求有较高的舍温，故在寒冷地区，冬季需实行采暖。此外，当羊舍保温不好或舍内过于潮湿、空气污浊时，为保持比较高的温度和有效的换气，也必须采取供暖措施。

五、忽视通风换气系统的设置

（1）误区　羊舍的通风换气是改善羊舍环境的重要手段，其功能有二：一是在高温环境下，通过加大气流，排除舍内的热量，增加羊的舒适感，以缓解高温的影响，即通风。二是在低温环境下，因羊舍密闭，需引进新鲜空气，排除舍内的污浊空气，以改善羊舍的空气环境卫生，即换气。舍内空气质量直接影响羊的健康和生长，生产中许多羊舍不注重通风换气系统的设计，如没有专门通风系统，只是依靠门窗通风换气，为保温而出现舍内换气不足、空气污浊、病原体的滋生。或通风过度造成温度下降或出现“贼风”，冷风直吹羊引起伤风感冒等；夏季通风不足，舍内气流速度低，羊容易遭受热应激等。

（2）解决办法　做好羊舍的通风换气，可以改善和提高羊舍内空气的质量，遏制病原体的滋生与扩散，从而可以降低羊发生疾病的概率。我国地域辽阔，各地建设的羊舍的类型不尽相同，可供选择的羊舍通风调控的方式也很多，可以根据具体情况因地制宜地选择性使用。

1）用于舍饲养殖的羊舍必须要有通风换气设施。采取舍饲养羊的羊舍，舍内或多或少地存在着空气流通不良的现象，因此，舍饲羊舍一定要安装通风换气的设施或设备，安装部位可以根据羊舍的地理位置、坡向、风向来决定。在羊舍内的不同高度层中，氨气、硫化氢等有害气体的平均浓度不同，一般羊舍上层的浓度较高，说明换气设施安装在羊舍顶部是比较合适的；在寒冷季节，羊舍一般不赞同采取“穿堂风”的方式进行通风换气。一般情景下，羊舍顶部通气孔的数量根据羊舍面积定，如通气孔设置过多可能影响到舍内部的保温，过少又可能影响到换气效果，建议每 40～60 米^2 设 1 个通气孔，通气孔直径不要小于 50 厘米。

2）把握换气通风的时间。羊舍的通风换气与圈舍的保温要相结合。早晨是通风换气的最佳时间，主要是羊群经过一夜的消化代谢，到凌晨时分，粪尿排泄相对集中，易造成圈内空气污浊，特别是彩钢顶的羊舍，圈内积蓄“呵气”，急需开启通气孔更新空气。夜间的有害气体平均浓度高于白天，在天气情况许可的前提下，尽量不要关闭羊舍的全部通气孔道，以确保新鲜空气能够通畅进入，即使在最寒冷的季节（即俗称的“一九”至“四九”），气温降至一年中的最低点，也可采取间歇式换气法，在室外温度高的中午，打开太阳光照射一面的进气孔和棚顶排气孔进行换气（但侧墙的所有气孔必须全部封堵以防“贼风”）。

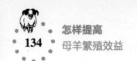

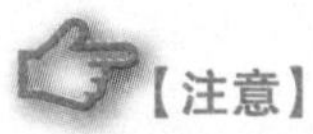
【注意】

通风换气与圈舍保温是一对矛盾，不论采取何种措施，都必须保证羊舍内温度不发生骤升骤降的现象。

3）结合综合措施确保羊舍清洁卫生。降低羊舍内的有害气体含量，除进行通风换气外，还必须结合防潮去湿、消除污水、铺用垫料等综合技术措施，才能确保羊舍内空气持续新鲜、通畅。因此，相比家庭养羊模式来说，具备规模化养殖特点的羊场则宜采取综合性技术措施来降低有害气体的产生量，在建设之前要通过科学选址、合理布局、加强圈舍通风、建设绿化隔离带、及时清理养殖废弃物等手段，减少恶臭气体的污染；在生产过程中，则应加强恶臭气体净化处理并覆盖所有恶臭发生源，也可以采用生物吸附和生物过滤等除臭技术进行集中处理，排放的气体应符合国家或地方相关的污染物排放标准。

六、忽视羊舍的防潮设计和管理

（1）误区 在养羊的环境因素中，养殖者较多关注温度对羊生产的影响，而很少关注羊舍内湿度对羊的影响。不注重羊舍的防潮设计和防潮管理，舍内排水系统不畅通，特别是冬季羊舍封闭严密，导致舍内湿度过高，有害气体增加、细菌病毒和寄生虫滋生，羊的蹄病增多。高湿环境与羊的生活习性是不相一致的。羊对高湿环境容易产生应激反应，高湿也会影响羊的生长、健康和生产性能。

（2）解决办法

1）羊舍建造应该符合防潮标准。羊舍可以在地势高一些的地方建立，控制好排水口。羊舍的构造可以采用楼式结构，羊床离地面1米左右，安装有通风排气的窗户。羊舍应该划分专门的饮水区域，在设置上应该略有坡度，能使水排出。

2）保证羊舍通风系统正常运转。羊舍应设有能灵活调整舍内环境的通风系统，调节羊舍内的湿度在30%~70%。在天气寒冷、羊外出放牧时，将羊舍中的通风口全部打开，能降低羊舍内的湿度。

3）控制羊舍中的用水。在清洗羊舍时用水适量，注意不要用水冲羊舍地面、墙面；即使是在很热的夏天，也不要用冲水的方式来为羊降温，这样只会使羊舍湿度增加。

4）在羊舍中铺上铺垫物。在我国南方地区梅雨季节，羊舍内湿度往往非常大，这时可以在羊舍中铺上碎土、稻草等铺垫物吸收部分水分，能很好地降低羊舍中的湿度。

七、羊舍内表面处理粗糙

（1）误区 在羊的饲养中，为保证其健康成长，应经常对羊舍进行清扫、冲洗和消毒。如果羊舍内墙壁、地面处理不好，就很难进行彻底清洁和消毒。因此，建设羊舍时，舍内表面包括屋顶、墙壁、地面结构要简单且平整光滑，具有一定的耐水性，这样容易冲洗和清洁消毒。在实际生产中，有的养殖户为了降低建设投入，对羊舍内表面不进行必要处理，如墙面不抹面，裸露的砖墙粗糙、凸凹不平，屋顶内层使用苇笆或秸秆，地面不进行硬化处理等，一方面影响到舍内的清洁消毒，另一方面也影响到羊舍的防潮和保温隔热。

（2）解决办法

1）屋顶处理。根据屋顶形式和材料结构进行处理。如混凝土、砖结构平顶，拱形屋顶或人字形屋顶，使用水泥砂浆将内表面抹光滑即可。如果屋顶是苇笆、秸秆、泡沫塑料等不耐水的材料，可以使用石膏板、彩条布等作为内衬，既光滑平整，又有利于冲洗和清洁消毒。

2）墙体处理。墙体的内表面要用防水材料（如混凝土）抹面，便于平常的消毒处理。

3）地面处理。地面要有一定的坡度，这样不容易积水，并且地面要硬化，如果是采用三合土地面，至少要光滑，以便于消毒。

八、忽视羊圈的地面选择和处理

（1）误区 羊圈地面是羊躺卧休息、排泄和生产的地方，是羊舍建筑中的重要组成部分，对羊的健康有直接影响。但在羊舍建设中，许多人忽视地面设计和处理，或不知道应该选择什么样的地面，地面处理时很随便，对舍内环境和羊的健康产生不利影响。

（2）解决办法 羊舍地面要高出舍外地面20厘米以上。由于我国南方和北方气候差异很大，地面的设计和处理也有很大差别，因此不同区域的羊舍地面处理必须因地制宜。羊舍地面的主要类型及处理参见本章第一节内容。

九、羊舍间距不合理

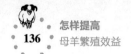

（1）误区　羊舍运动场与运动场之间的距离称为羊舍间距。确定羊舍间距主要从日照、通风、防疫、防火和节约用地等多方面综合考虑。羊舍间距过大，有利于通风排污、防疫和防火，但势必增加养殖场占地面积；间距过小，占地面积有节余，但不利于通风排污、防疫和防火。

（2）解决办法　在羊舍建设中，应结合当地气候、地形、地势等情况，确定羊舍适宜的间距，一般为10米，便可满足日照、通风、绿化、排污、防疫、防火等要求。

十、青贮窖（池）设计建造不科学

（1）误区　大多数小规模养殖户和家庭牧场未按照技术要求设计建造青贮池，主要表现是将青贮窖建设在下风、低洼或容易被粪污污染的地方；青贮窖窖口过宽，与养殖规模不配套，取料后部分未取料的地方长期暴露在空气中，易腐败变质；使用空心砖、劣质砖作为青贮窖（池）的墙体材料，青贮饲料时墙体易开裂、倒塌；青贮窖面积过小，无法使用机械压紧，导致秸秆间空气排除不彻底，影响青贮饲料的品质；或利用旧的房屋、库房等设施来做青贮窖，由于没有进行科学合理的改造，出现了青贮窖大小与养殖规模不配套、不牢固、漏气及浸水等诸多问题，造成大量的饲料霉变浪费，增加了养殖成本。

（2）解决办法　详细解决办法见本书第五章第二节内容。

第八章
实施生物安全措施，提高羊群健康水平

第一节　提高羊群健康水平的主要途径

羊在生活过程中所发生的疾病是多种多样的，根据其性质，一般分为传染病、寄生虫病和普通病三大类。

羊病防治必须坚持“预防为主”的方针，认真贯彻《中华人民共和国动物防疫法》，采取加强饲养管理、搞好环境卫生、开展防疫检疫、定期驱虫、预防中毒等综合性防治措施，将饲养管理工作和防疫工作紧密结合起来，以取得防病灭病的综合效果。

一、加强饲养管理

1. 坚持自繁自养

羊场或养羊专业户应选择健康的良种公羊和母羊，自行繁殖，以提高羊的品质和生产性能，增强对疾病的抵抗力，并可减少入场检疫的劳务，防止因引入新羊而带来病原体。

2. 合理组织放牧

牧草是羊的主要饲料，放牧是羊群获取其营养需要的重要方式。因此，合理组织放牧，与羊的生长发育和生产性能有着十分密切的关系。应根据农区、牧区草场的不同情况，以及羊的品种、年龄、性别的差异，分别编群放牧。为了合理利用草场，减少牧草浪费和羊群感染寄生虫的机会，应推行划区轮牧制度。

3. 适时进行补饲

羊的营养需要主要来自牧草，但当冬季草枯、牧草营养价值下降或放牧采食不足时，必须进行补饲，特别是正在发育的幼龄羊、怀孕期和哺乳期的成年母羊，对其补饲尤其重要。种公羊如果仅靠平时放牧，营养需要难以满足生产要求，在配种期间还需要保证更高的营养水平。因此，种公羊多采取舍饲方式，并按饲养标准喂养。

4. 妥善安排生产环节

养羊的主要生产环节包括鉴定、剪毛、梳绒、配种、产羔、育羔、羊羔断奶和分群。每一生产环节的安排，应尽量在较短时间内完成，以尽可能增加有效放牧时间；如果某些环节影响放牧，则要及时给予适当的补饲。

二、搞好环境卫生

养羊的环境卫生情况，与疫病的发生有密切关系。环境污秽，有利于病原体的滋生和疫病传播。因此，羊舍、羊圈、场地及用具应保持清洁、干燥，每天清除圈舍、场地的粪便及污物，将粪便及污物堆积发酵，30 天左右可作为肥料使用。

羊的饲草，应当保持清洁、干燥，不能用发霉的饲草、腐烂的饲料喂羊；饮水也要清洁，不能让羊饮用污水和冰冻水。

老鼠、蚊、蝇等是病原体的宿主和携带者，能传播多种传染病和寄生虫病。应当清除羊舍周围的杂物、垃圾及乱草堆等，填平死水坑，认真开展杀虫灭鼠工作。

三、严格执行检疫制度

为了做好检疫工作，必须有一定的检疫手续，以便在羊流通的各个环节中做到层层检疫、环环扣紧、互相制约，从而杜绝疫病传播蔓延。羊从生产到出售，要经过出入场检疫、收购检疫、运输检疫和屠宰检疫，涉及外贸时，还要进行进出口检疫。出入场检疫是所有检疫中最基本最重要的，只有羊及其产品经检疫未发现疫病时，方可进场或出场。羊场或养羊专业户引进羊时，只能从非疫区购入，经当地兽医检疫部门检疫，并签发检疫合格证明；运抵目的地后，再经本场或专业户所在地兽医验证、检疫并隔离观察 1 个月以上，确认为健康者，经驱虫、消毒，没有注射过疫苗的还要补注疫苗，方可与原有羊混群饲养。羊场采用的饲料和用具，也要从安全地区购入，以防疫病传入。

进行羊大群检疫时，可用检疫夹道，即在普通羊圈内，用木板做成夹道，进口处呈漏斗状，与待检圈相连，出口处有两个活动小门，分别通往健康圈和隔离圈。夹道用厚 2 厘米、宽 10 厘米的木板做成 75 厘米高的栅栏围成，夹道的宽度和活动小门的宽度均为 45 ~ 50 厘米。检疫

时，将羊赶入夹道内，检疫人员即可在夹道两侧进行检疫。根据检疫结果，打开出口的活动小门，分别将羊赶入健康圈或隔离圈。这种设备除检疫用外，还可用于羊的分群。

四、有计划地进行免疫接种

免疫接种是激发羊体产生特异性抵抗力，使其对某种传染病从易感转化为不易感的一种手段。有组织有计划地进行免疫接种，是预防和控制羊传染病的重要措施之一。通过注入疫苗产生抗体，能够降低多种疾病的发生概率。但是，在免疫接种的过程中，如果没有制定健全完善的免疫程序及免疫接种方案，则会极大地影响免疫接种的效果。因此，为更好地保障免疫质量，要充分地结合实际情况制定切实可行的免疫接种方案，并严格地按照免疫程序来开展接种工作，有效降低羊疫病发生的概率。在这里需要指出的是，针对一些健康状况不佳或者存在母源抗体的羊，不适宜接种疫苗。基于此，在免疫接种之前要了解掌握羊群实际情况以确定是否接种疫苗，避免产生不良反应。本书就羊场免疫程序举例如下，供大家参考，见表 8-1，羊场在免疫时可根据实际情况进行加减。

表 8-1　羊场免疫程序（参考）

类别	疫　苗	免疫时间	免疫方法
羔羊	破伤风类毒素	出生后 24 小时内	皮下注射
	羊传染性脓疱皮炎（羊口疮）活疫苗	7 日龄	口腔下唇黏膜划痕接种
	羊支原体肺炎灭活疫苗	15～20 日龄	颈部皮下注射
	羊梭菌病多联灭活疫苗（三联四防）	15～20 日龄首免，首免 2 周后进行二免	皮下或肌内注射
	小反刍兽疫活疫苗	30 日龄	颈部皮下注射
	口蹄疫二价或三价灭活疫苗	2～3 月龄首免（断奶后），首免 2 周后进行二免	肌内注射
	山羊痘活疫苗	2～3 月龄（断奶后）	尾根内侧或股内侧皮内注射

（续）

类别	疫　　苗	免疫时间	免疫方法
母羊	破伤风类毒素	产羔后24小时内	皮下注射
	羊支原体肺炎灭活疫苗	产后15～20天	颈部皮下注射
	羊梭菌病多联灭活疫苗（三联四防）	产后15～20天	肌内注射
	口蹄疫二价或三价灭活疫苗	春秋各进行1次	肌内注射
	山羊痘活疫苗	每年3～4份	尾根部皮内注射
	羊梭菌病多联灭活疫苗（三联四防）	母羊怀孕后期30～45天	肌内注射
种公羊	口蹄疫二价或三价灭活苗	春秋各进行1次	肌内注射
	羊梭菌病多联灭活疫苗（三联四防）	春秋各进行1次	肌内注射
	羊支原体肺炎灭活疫苗	春秋各进行1次	颈部皮下注射
	山羊痘活疫苗	每年3～4月	尾根内侧或股内侧皮内注射

注：1. 疫苗按说明书剂量使用，并到有资质的经营部门采购。

2. 免疫病种不同时羊场可根据实际情况进行加减。

3. 小反刍兽疫活疫苗可在春秋季节对接种时间临近3年的羊再次接种。

【注意】

由于新型疫苗不断开发，疫苗使用方法也在不断改进，在具体使用时要详细参看疫苗说明书，按疫苗厂家推荐的方法使用。

免疫接种的效果，与羊的健康状况、年龄大小、是否正在怀孕或哺乳，以及饲养管理条件的好坏有密切关系。因此，羊免疫接种时要针对不同情况采取不同措施，以获得最佳效果。

免疫接种必须按合理的免疫程序进行，各地区、各羊场可能发生的传染病不止一种，而可用来预防这些传染病的疫苗的性质又不尽相同，免疫期长短不一。因此，羊场往往需用多种疫苗来预防不同的病，也需要根据各种疫苗的免疫特性来合理地安排免疫接种的次数和间隔时间，这就是所谓的免疫程序。目前国际上没有统一的羊免疫程序，只能在实践中总结经验，制定合乎本地区、本羊场具体情况的免疫程序。

五、做好消毒工作

消毒是贯彻“预防为主”方针的一项重要措施，其目的是消灭传染源散播于外界环境中的病原微生物，切断传播途径，阻止疫病继续蔓延。羊场应建立切实可行的消毒制度，定期对羊舍（包括用具）、地面土壤、粪便、污水、皮毛等进行消毒。

1. 羊舍消毒

羊舍消毒一般分两个步骤进行：第一步先进行羊舍清扫；第二步用消毒液消毒。清扫是保持羊舍环境卫生最基本的一种方法。用消毒液消毒时，消毒液的用量，以羊舍内每平方米面积用1升药液计算。常用的消毒药有10%~20%石灰乳、10%漂白粉（次氯酸钙）溶液、0.5%~1.0%复合酚、0.5%~1.0%二氯异氰尿酸钠、0.5%过氧乙酸等。消毒方法是将消毒液盛于喷雾器内，先喷洒地面，然后喷墙壁，再喷天花板，最后再开门窗通风，用清水刷洗饲槽、用具，将消毒药味除去。若羊舍有密闭条件，可关闭门窗，用福尔马林（甲醛溶液）熏蒸消毒12~24小时，然后开窗通风24小时。福尔马林的用量为每立方米空间用15毫升，加20毫升水一起加热蒸发。无热源时，也可加入高锰酸钾（每立方米用30克），即可产生高热蒸发。羊舍消毒每年可进行2次（春、秋各1次）。在病羊舍、隔离舍的出入口处应放置浸有消毒液的麻袋片或草垫，消毒液可用2%~4%氢氧化钠、1%复合酚（对病毒性疾病）。

【注意】

福尔马林熏蒸时切不可用塑料容器，最好用陶瓷或搪瓷容器。还要注意药品添加顺序，操作时，先将水倒入陶瓷或搪瓷容器内，然后加入高锰酸钾，搅拌均匀，再加入福尔马林，人立即离开，密闭羊舍。

2. 地面土壤消毒

土壤表面可用10%漂白粉溶液、4%福尔马林或10%氢氧化钠溶液。停放过芽孢杆菌所致传染病（如炭疽）病羊尸体的场所，应严格加以消毒，首先用漂白粉溶液喷洒地面，然后将表层土壤掘起30厘米左右，撒上干漂白粉，并与土混合，将此表层土妥善运出掩埋。其他传染病所污染的地面土壤，则可先将地面翻一下，深度约30厘米，在翻地的同时撒上干漂白粉（用量为每平方米0.5千克），然后以水洇湿，压平。如果放牧地区被某种病原体污染，一般利用自然因素（如阳光）来消除；如果污染的面积不大，则应使用化学消毒药消毒。

3. 粪便消毒

羊的粪便消毒方法有多种，最实用的方法是生物热消毒法，即在距羊场100~200米以外的地区设一个堆粪场，将羊粪堆积起来，上面覆盖10厘米厚的沙土，堆放发酵30天左右，即可用作肥料。

4. 污水消毒

最常用的方法是将污水引入污水处理池，加入化学药品（如漂白粉或其他氯制剂）进行消毒，用量视污水量而定，一般1升污水用2~5克漂白粉。

5. 皮毛消毒

患有传染性疾病的羊生产的羊皮、羊毛均应消毒。皮毛消毒，目前广泛利用环氧乙烷气体消毒法。消毒时必须在密闭的专用消毒室或密闭良好的容器（常用聚乙烯或聚氯乙烯薄膜制成的篷布）内进行。在室温（15℃）时，每立方米密闭空间使用环氧乙烷0.4~0.8千克，维持12~48小时，相对湿度在30%以上。此法对细菌、病毒、霉菌均有良好的消毒效果，对皮毛等产品中的炭疽芽孢也有较好的消灭作用。

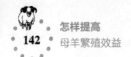

【注意】

羊患炭疽病时，严禁从其尸体上剥皮；在储存的原料皮中即使只发现1张患炭疽病的羊皮，也应将整堆与它接触过的羊皮进行消毒。

六、实施药物预防

羊场可能发生的疫病种类很多，其中有些病目前已研制出有效的疫苗，还有不少病尚无疫苗可供利用；有些病虽有疫苗但实际应用还有问题。因此，将安全而价廉的药物加入饲料和饮水中，让羊群自行采食或饮用，是预防这些疫病的一项重要措施。

常用的药物有磺胺类、抗生素类。磺胺类药物常拌入饲料或混于饮水中使用，药物占饲料或饮水的比例一般是：预防量0.1%~0.2%，治疗量0.2%~0.5%。但如果长期使用化学药物预防，容易产生耐药性菌株，影响药物的防治效果。因此，要经常进行药敏试验，选择有高度敏感性的药物用于防治。此外，成年羊口服土霉素等抗生素时，常会引起肠炎等中毒反应，必须注意。

微生态制剂是根据微生态学原理，利用机体正常的有益微生物或其促进物质制成的一种新型活菌制剂，目前国内已有多种。这类制剂的特点是，具有调整动物肠道菌群比例失调、抑制肠道内病原菌增殖、防止幼畜下痢等功能，并有促进动物生长、提高饲料转化率等作用。

【注意】

微生态制剂应避免与抗菌药物同时服用。

七、组织定期驱虫

为了预防羊的寄生虫病，应在发病季节到来之前，用药物给羊群进行预防性驱虫。预防性驱虫的时机应根据寄生虫病季节动态调查确定。例如，某地的肺线虫病主要发生于11～12月及第二年的4～5月，那就应该在秋末冬初草枯以前（10月底或11月初）和春末夏初羊抢青以前（3～4月）各进行1次药物驱虫；也可将驱虫药小剂量地混在饲料内，在整个冬季补饲期间让羊食用。

预防性驱虫所用的药物有多种，应视病的流行情况选择应用。阿苯达唑，又称丙硫咪唑、丙硫苯咪唑，具有高效、低毒、广谱的优点，对羊常见的胃肠道线虫、肺线虫、肝片吸虫和绦虫均有效，可同时驱除混合感染的多种寄生虫，是较理想的驱虫药物。使用驱虫药时，要求剂量准确，并且要先做小群驱虫试验，取得经验后再进行全群驱虫。驱虫过程中若发现病羊，应进行对症治疗，及时解救出现毒、副作用的羊。

药浴是防治羊的外寄生虫病，特别是羊螨病的有效措施，可在剪毛后10天左右进行。药浴液可用1%敌百虫水溶液或速灭菊酯（80～200毫克/升）、溴氰菊酯（50～80毫克/升）。药浴可在特建的药浴池内进行，或在特设的淋浴场淋浴，也可人工抓羊，然后在大盆（缸）中逐只洗浴。

八、预防毒物中毒

1）不在生长有毒植物的地区放牧。山区或草原地区，生长有大量的野生植物，是羊的良好天然饲料。但有些植物含毒，为了减少或杜绝中毒的发生，要做好有毒植物的鉴定工作，调查有毒植物的分布，不在生长有毒植物的区域内放牧，或实行轮作，铲除毒草。

2）不饲喂霉变饲料。要把饲料储存在干燥、通风的地方；饲喂前要仔细检查，如果发霉变质，应废弃不用。

3）注意饲料的调制、搭配和储藏。有些饲料本身含有有毒物质，饲喂时必须加以调制。如棉籽饼含有游离棉酚，具有毒性，经高温处理后可减毒，减毒后再按一定比例同其他饲料混合搭配饲喂，就不会发生中毒。有些饲料如马铃薯若储藏不当，其中的有毒物质龙葵素会大量增加，对羊有害，因此马铃薯应储存在避光的地区，防止变青发芽，并且饲喂时也要同其他饲料按一定比例搭配。

4）妥善保存农药及化肥。一定要把农药和化肥放在仓库内，由专人负责保管，以免误作饲料，引起中毒。被污染的用具或容器应做消毒处理后再使用。

【提示】

对其他有毒药品如灭鼠药等的运输、保管及使用也必须严格，以免羊接触发生中毒事故。

5）防止水源性毒物。对喷洒过农药和施有化肥的农田排放的水，不应作为饮用水；对工厂附近排出的水或池塘内的死水，也不宜让羊饮用。

九、发生传染病时及时采取措施

羊群发生传染病时，应立即采取一系列紧急措施，就地扑灭，以防止疫情扩大。兽医人员要立即向上级部门报告疫情，同时立即将病羊和健康羊隔离，不让它们有任何接触，以防健康羊受到传染。对于发病前与病羊有过接触的羊，不能再同其他健康羊放在一起饲养，必须单独舍饲，经 20 天以上的观察，不发病的羊才能与健康羊合群；如果出现病状，则按病羊处理。对已隔离的病羊，要及时进行药物治疗；隔离场所禁止无关人员及畜出入和接近，工作人员出入应遵守消毒制度，隔离区内的用具、饲料、粪便等，未经彻底消毒不得运出；没有治疗价值的病羊，由兽医根据国家规定进行严格处理；病羊尸体要焚烧或深埋，不得随意抛弃。对健康羊和可能感染的羊，要进行疫苗紧急接种或用药物进行预防性治疗。发生口蹄疫、羊痘等急性、烈性传染病时，应立即报告有关部门，划定疫区，采取严格的隔离封锁措施，并组织力量尽快扑灭。

第二节　加强疫病诊疗技术，降低繁殖疾病的发生

一、羊布鲁氏菌病

羊布鲁氏菌病（布病）是由布鲁氏菌感染引起的一种人畜共患病，是以流产和发热为特征的一种在全世界广泛流行的慢性细菌性传染病。近年来，布鲁氏菌病在我国的发病率呈上升趋势，人感染布鲁氏菌病的病例数也逐年上升。

【流行特点】　羊布鲁氏菌在自然状态下，能在干燥的土壤、河流、动物的皮毛或组织中存活很长时间，但却对高温敏感，1 小时的阳光照射或一般消毒剂即可灭活。羊布鲁氏菌的传染源主要是携带病原体的羊群，病原体多存在于母羊的羊水及公羊的精液中。牲畜可通过饮用含有病原体的水源或者食用带有病原体的饲料等感染该病，还能通过血液、交配、蜱虫叮咬等途径传播病原体，多见于牛羊之间交叉传染。

人类若与携带病原体的羊群接触，或者直接与污染的空气、水源等接触，也可能通过呼吸道及消化道感染疾病，但人与人之间的传染比较少见。羊布鲁氏菌病的发生始于春季，高发于夏、秋季节，进入冬季之后发病率逐渐下降，南方地区比北方地区发病率更高，该病具有一定的季节性及区域性。

【临床症状】　绵羊和山羊易感染。患病母羊通常表现为流产，阴道糜烂，并有大量的黄色分泌物；若未发生流产，则有可能早产或者产下死胎，还常伴有乳腺炎，乳房肿大，乳汁凝成块状，产奶量下降，乳腺内部有结节性硬块等症状。公羊感染布鲁氏菌病则多表现出厌食，睾丸炎，弓背，附睾炎，睾丸局部肿胀发热，睾丸萎缩，精囊内坏死或出血等症状，最严重时会丧失配种能力。剖检患病羊，流产胎儿部分或全部胎衣呈现黄色胶冻样浸润，有大量纤维蛋白和脓液，胎衣滞留，而胎儿症状主要为败血症病变，浆膜与黏膜出血，皮肤和肌肉下浆液性浸润，伴有脾脏和淋巴结肿胀，以及肝脏坏死。

【诊断】　由于布鲁氏菌病的致病特点，患病羊在发病初期没有明显的临床症状，怀孕母羊仅表现出食欲不振等症状，且常在怀孕 1 个月左右出现流产现象，并伴有子宫内膜炎和胎衣不下等典型症状。因此，可以针对怀孕流产的母羊及胎儿胎衣等做基础解剖检查，根据典型症状得出初步诊断结果。然后进行细菌学检查，即采集患病母羊的绒毛膜水肿

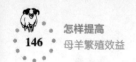

液、阴道分泌物、脓肿脓汁等病变组织，流产胎儿的胎衣或有病变的组织制作组织切片，革兰染色后镜检。此外血清学检验方法是羊布鲁氏菌病最常见的确诊方法。

【防治措施】 对于布鲁氏菌病的防治，首先要做好羊场的监测检疫工作，保持羊舍的清洁卫生，保证良好的通风和光照，集中处理羊粪，并定期对羊舍进行全面打扫和消毒，对羊舍环境进行全面监测。对于患病的羊，要及时隔离开，及时扑杀，并在移除患病羊后对羊舍进行全面消毒。羊群应及时接种疫苗，监测注射免疫疫苗的个体，对羊群定期进行布鲁氏菌病预防检疫。对于羔羊，应在其断奶后进行一次布鲁氏菌病检疫。

二、新生羔羊窒息

新生羔羊窒息是羔羊刚出生后，呼吸发生障碍或完全停止，仅心脏有微弱跳动，形如死羔。由于呼吸抑制，导致低氧血症和混合性酸中毒，若不及时急救，病羔会很快死亡。

【病因】

（1）母羊因素 母羊分娩前患有高热、贫血及大出血，由于血内氧气不足，二氧化碳积聚，刺激胎儿过早发生呼吸反射，以致将羊水吸入呼吸道而引起窒息。

（2）胎盘因素 胎盘水肿，胎盘分离过早，使胎儿过早分离母体而引起窒息。

（3）脐带因素 脐带脱垂，脐带自身缠绕，由于脐带受到压迫，使胎盘血液循环受阻而引起窒息。

（4）胎儿因素 胎儿过大，胎位及胎势不正，致使胎儿不能及时产出，在产道停滞时间过长而引起窒息。

（5）分娩因素 骨盆不对称，宫缩无力，或催产药使用不当，均可引起窒息。

（6）护理因素 母羊分娩时无人照看，羔羊产后尿膜、羊膜未及时破裂，将羊水吸入而引起窒息。

【临床症状】 根据病羔窒息程度的不同，临床可分为轻度窒息和重度窒息。

（1）轻度窒息 又称青色窒息，病羔表现为呼吸微弱而短促，吸气时张口，并强烈扩张胸壁，2 次呼吸间隔延长，可视黏膜发绀，舌脱垂于口外，口鼻内充满黏液，听诊肺部有湿性啰音，心跳及脉搏快而无力，四肢活力很弱。

（2）重度窒息 又称白色窒息，羔羊在出生时即已发生窒息。病羔表现为体躯发软，可视黏膜苍白，呼吸停止，反射消失，心跳微弱，脉不感手，形如死胎。若不及时急救，病羔心跳很快变慢而死亡。

【诊断】 根据羔羊出生后即出现假死状态、无呼吸、仅有微弱心跳，或者有轻微呼吸，即可做出确诊。

【急救处理】

（1）立即清除呼吸道黏液 羔羊鼻腔和气管内有羊水和黏液时，可将人用橡胶导尿管插入鼻腔、气管，用注射器抽出，或者将羔羊倒提起来，用手拍打羔羊胸部、背部，促使呼吸道黏液排出，保证羔羊呼吸道畅通，以利于呼吸。

（2）及时进行人工呼吸 将病羔就地仰放在地上或仰放在桌凳上，一人握住羔羊两前肢做前后伸屈，术者用手掌轻轻有节奏地按压其两肋和胸部，如果无效，可用手捏住羔羊的嘴和1个鼻孔，每隔几秒钟从另一鼻孔慢慢吹入空气1次，然后用手压迫胸壁，使肺内空气排出。

（3）刺激呼吸反射 用酒精或氨水棉球在羔羊鼻端或鼻黏膜涂抹，并每隔数秒钟把舌头向外拉动1次，以刺激羔羊呼吸反射。

（4）兴奋呼吸中枢 对严重呼吸衰竭的病羔，可静脉注射尼可刹米0.5毫升。必要时隔30分钟重复应用1次，以刺激其颈动脉化学感受器，反射性地兴奋呼吸中枢。

（5）强心 病羔心功能衰竭时，可皮下和肌内注射10%安钠咖注射液0.5毫升，以增强心脏功能。

（6）纠正酸中毒 临床可根据病羔血液pH的变化情况，用5%碳酸氢钠溶液3~5毫升/千克体重，一次静脉注射，以纠正代谢性酸中毒，使动脉血pH升高，改善肺血液灌流，使血红蛋白带氧量增加，促使病羔正常呼吸的建立。

（7）静脉供氧 可用3%过氧化氢溶液5毫升、10%葡萄糖溶液20毫升，混合后缓慢静脉滴注。静脉供氧，可使微循环得到最大的氧供应。

（8）防止脑水肿 病羔颅内压增高时，可用呋塞米注射液（速尿）1毫克/千克体重，一次静脉注射。严重的病羔可用20%甘露醇0.25~0.5克/千克体重，一次静脉注射，必要时隔4~6小时重新注射1次。

（9）防止继发肺炎 为防止窒息后继发肺炎，可用注射用青霉素钠20万单位，注射用硫酸链霉素50万单位，肌内注射，2次/天，连用3~

5天。

三、乳腺炎

母羊发生乳腺炎会导致乳房一系列病变，其乳汁被羔羊吸吮后也会直接导致羔羊出现一系列变化甚至发生死亡。

【病因】 乳腺炎的发病原因有很多，常见的是病原微生物的感染。饲养管理过程中环境卫生不良，就可能导致母羊受到感染，在日常养殖过程中要加强清扫和消毒。此外，母羊养殖环境的变化，以及各种应激因素的刺激也会不同程度地导致其体质下降，引起乳腺炎。

【临床症状】

（1）隐性感染　在母羊呈隐性感染的时期，不会表现任何感染症状，但是可以从母羊的乳汁中分离到病原菌。

（2）亚临床型感染　亚临床型感染能够表现出常见的炎症反应，但症状不太明显，主要表现为食欲不振，乳汁的质量会出现一些变化，但较少出现明显的临床症状。对乳房进行仔细观察和触诊，能够发现乳腺中存在硬结，挤出的乳汁中存在絮状物。对亚临床型感染的症状如果没有进行仔细观察，常会被饲养管理员忽视，从而逐渐造成较严重的后果。

（3）临床型感染　临床型感染的母羊表现出全部的临床症状，表现为乳房疼痛和红肿，有发热的感觉，也可能会出现冰凉，泌乳性能下降，甚至是停止泌乳。分泌出的乳汁稀薄如水，在乳汁中还可见混有一些絮状沉淀物或者是血液及脓汁等。病羊全身体温升高，食欲减退甚至废绝。乳腺上的淋巴结也会出现不同程度的肿大，乳房变硬。这个时期的母羊如果不及时治疗就会影响使用性能，甚至完全失去泌乳能力。

【防治措施】

（1）治疗　对已经充盈肿大的乳房可以采用挤奶的方式减小或消除肿胀，通常是根据乳腺充盈情况，每天可进行4~5次挤奶，直到乳房肿胀消退且形成皱褶能够收缩。在挤奶时要注意防止用力过大而导致的乳房损伤。在挤完奶后，需要向乳头内灌注一些混合药液，主要包括生理盐水50毫升，氨苄西林2.5克、链霉素5克和利多卡因10毫升等，2次/天，可以减轻乳腺炎的症状。也可以使用一些中草药进行配合治疗，通常使用较多的有地榆、生地、黄精等。还需要在治疗的过程中加强饲养管理，清除患病区的污染物，进行乳房消毒。对于隐性的乳腺炎，通常是使用中草药进行治疗，常用的为金银花、紫花地丁、板蓝根、连翘、蒲公英等，这些药物通过煎熬后取药液给病羊灌服，可以起到很好的治疗效果。在母羊的治疗中，还可以使用维生素 C 注射液进行肌内注射，有助于提升免疫力，可以起到促进肝脏排毒、保护肝脏的作用。

（2）预防 乳腺炎的预防主要是靠加强饲养管理，在母羊的泌乳期要防止乳汁在乳房中滞留。如果乳房中有残留乳汁应该及时挤出。如果有条件，挤奶前进行热敷，效果会更好。还要经常清洗母羊的乳房，并对其进行消毒。此外还需要经常更换垫料，保持环境的干燥，尤其是在低温和多雨的季节。在天气寒冷或突变的时候应该加强对母羊圈舍的管理，确保圈舍内的温度。提高母羊饮食中的营养物质含量，注意避免母羊感染一些传染性疾病。

四、流产

母羊流产是指在其妊娠期未满前，由于某些因素导致妊娠中断或者胎儿停止发育，并排至体外。母羊发生流产，会直接导致胎儿死亡，同时会对母体健康造成严重影响，如果无法及时进行有效救治和处理，就可能使其出现生殖器官疾病，甚至引起不孕不育。

【病因】

（1）自发性流产 主要是由于胎盘或者胎膜异常，如绒毛没有完全发育或者无绒毛；胚胎数量过多，但空间狭小，无法通过母体胎盘建立良好的联系，限制血液供应；胚胎自身存在缺陷，常见于多胎品种（如湖羊、小尾寒羊等）和未充分发育而过早配种、妊娠的母羊。

（2）外力性流产 母羊在妊娠期间表现出的行为与平时存在差异，尤其是妊娠初期会表现出情绪躁动、精神不安。如果没有加强饲养管理，母羊突然受到惊吓；羊舍过于拥挤而彼此冲撞、挤压；羊舍地面湿滑或者放牧时转弯、走陡坡出现跌倒；羊舍栅栏被破坏，母羊出入羊舍腹部发生损伤或者受到压迫；母羊急走、跑跳；公、母羊混群饲养出现随意交配；羊群之间发生打架导致母羊腹部受损等，都会使母羊出现应激反应，从而引起外力性流产。

（3）营养性流产 母羊在冬、春季节交替时妊娠，此时气温变化频繁，枯草期长，缺少青绿饲料，营养水平较低，如果此时摄取蛋白质、维生素、微量元素及矿物质等营养物质不足，都会导致母羊机体无法吸收足够的营养，从而影响胎儿发育，或者母羊为保护自身而引起流产。另外，妊娠母羊采食发生霉变的饲草或者饲料，或没有经去毒处理的菜籽饼或者棉籽饼，以及饮冰水等，也可发生流产。

（4）感染性流产 妊娠母羊感染细菌，如布鲁氏菌、胎儿弯杆菌、嗜血杆菌、沙门菌、李氏杆菌、链球菌、葡萄球菌等，也易引发流产。

【临床症状】

(1) 隐性流产及死产 发生隐性流产和死产的母羊不会表现出明显的特征，往往突然发生，因此不能在第一时间发现。

(2) 早产 母羊发生早产的征兆类似于正常分娩，会排出不足月的活胎儿。母羊临床症状表现为举动非常恐慌，食欲明显降低，频繁呈排尿或者拱腰等姿势。

(3) 延期流产 母羊主要出现死胎停滞，往往呈以下两种情况：胎儿干尸化，即胎儿组织中的水分和胎水被母体吸收，变成棕黑色的干尸样；胎儿浸溶，即胎儿已经死亡，且软组织发生分解，呈恶露样被排出体外，但骨骼依旧滞留于子宫内。母羊往往表现出全身症状，如精神萎靡、体温升高、食欲不振等，且大部分愈后不良。

【防治措施】

(1) 对症治疗 母羊有发生流产的征兆时，要采取抗菌消炎的治疗方法，以确保子宫正常，有利于其顺利生产。如果妊娠母羊已经表现出流产症状，要尽快使用黄体酮注射液治疗，可采取口服20毫克或者肌内注射2毫升。如果母羊子宫内的胎儿已经死亡，但无法将其从子宫内排出，加之子宫已经张开时，可肌内注射1~2毫升垂体后叶注射液，尽快将死亡的胎儿排至体外。

(2) 注重母羊营养摄入量 母羊妊娠期间，要确保摄取足够的营养，以减少流产的发生。不仅要给母羊饲喂足够的干草，还要配合加入适量的钙、磷等元素，以确保营养均衡。不允许饲喂妊娠母羊品质不良（如腐烂、发霉等）的饲料。另外，确保羊群的水源卫生，饮水温度适宜，最好饮温水。

(3) 保持环境卫生 舍内的废弃草料和粪便排泄物要及时清除干净，定期对运动场、羊舍、草料场进行有效消毒，经常打扫，适时更换和晾晒垫草，保持圈舍干净卫生，清出的废物要进行发酵处理。

(4) 加强保健

1）定期驱虫。养羊过程中，要适时对羊群驱除蜱虫，通常每个月进行1次驱虫，可减少母羊感染焦虫病的机会，防止其由于感染寄生虫病而引起流产。

2）制定科学合理的免疫程序。羊群免疫时，必须确保免疫程序科学、合理，以使免疫工作的质量和效率进一步提高，确保免疫效果良好，

防止羊群感染传染性疾病，从而减少流产的发生。

五、胎衣不下

母羊胎衣不下是指在胎儿产出后经过 3 小时依然没有排出胎膜。母羊日粮中钙、磷、镁比例不当，体况肥胖或者消瘦，缺乏运动，环境应激，胎儿过大，子宫或者胎膜发生炎症等，都会导致胎儿胎盘不容易从母体子宫上分离，从而引起发病。该病如果没有及时治疗会导致母羊全身性反应，从而发生死亡。

【病因】 母羊临产前或者产羔过程中遭受寒冷或者潮湿、阴雨天气，使其长时间处于潮湿、阴冷的环境中，由于腹部严重受寒而引起子宫弛缓和阵缩无力；饲养员在该阶段没有加强饲养管理，如给母羊饲喂冰冷的饮水或者饲料；胎儿胎盘与母体胎盘存在粘连，或者胎衣已经完全脱落，但由于子宫过度收缩而被某个部位夹住，都可能引起胎衣不下。

【临床症状】 母羊胎衣不下最明显的症状是在阴门处有一部分胎膜脱垂，有时甚至能够下垂接近飞节。如果整个胎衣都留在阴道或者子宫内，采取阴道检查即可发现。发病初期，母羊症状基本正常，经过 2 ~ 3 天就会导致胎衣发生腐败，散发恶臭味，并从阴门中排出血红色的黏稠状物质，往往混杂腐败的白色胎衣碎块。胎衣腐败分解的产物被子宫吸收后，有时会导致全身中毒，如精神萎靡，体温升高，食欲不振或者废绝，反刍减弱或者完全停止，无法稳定站立，往往卧地不起，口色淡白，脉搏及呼吸加速，产奶量明显减少，并出现腹泻或者瘤胃弛缓。另外，病羊还伴有频繁努责和弓背。如果病羊发生部分胎衣不下，对排出的胎衣进行检查才能够发现。经过 3 ~ 5 天，没有排出的胎衣开始发生腐败，有时会有大量混杂黏液及胎衣碎块的脓液从阴门排出。部分病羊，不仅胎衣发生腐败，甚至胎盘也发生腐败，此时就会流出更多的恶露。

【防治措施】

(1) 对症治疗 母羊由于缺乏运动或者摄取某些营养物质不足而导致子宫弛缓或者微弱收缩的，可在产后数小时内注射 0.2 ~ 0.5 毫克马来酸麦角新碱，促使胎衣排出；也可产后皮下注射或者肌内注射 5 ~ 10 国际单位垂体后叶注射液或者缩宫素注射液，经过 2 小时再注射 1 次，早期使用治疗效果较好。在产后胎衣发生腐败前，如果子宫没有出现继发感染，可以给病羊灌服适量的羊水，肌内注射适量的缩宫素注射液，并向子宫内灌入 100 ~ 200 毫升 10% 温浓盐水，通常能够促使胎衣排出。如果胎衣已经发生腐败，且体温有所升高，食欲不振，子宫发生感染，可向子宫内灌注100~200毫升10%温浓盐水、100万单位土霉素注射液，24小时内即可排出胎衣，然后再向子宫内灌入200毫升生理盐水、160万单位注射用青霉素钠、100万单位注射硫酸链霉素进行冲洗，间隔1天使用1次。如果子宫颈口过度开放，可再向子宫内灌注适量的防腐抑菌消炎药物。如果病羊具有严重的全身症状，可向子宫内灌入20毫升蒸馏水、160万单位注射用青霉素钠、100万单位注射用硫酸链霉素，每天2次。也可静脉注射500毫升5%葡萄糖氯化钠注射液、500毫升10%葡萄糖注射液、20万单位硫酸庆大霉素注射液、10毫升安钠咖注射液、10毫升地塞米松磷酸钠注射液、100毫升碳酸氢钠注射液、50毫克维生素C。还可将2克碘化钾添加在200毫升蒸馏水中，完全溶解后，每次向子宫与胎膜的间隙灌入100毫升，通常1次就能够好转，某些病羊可间隔1天再灌入1次；或者将200毫升10%精制食盐水、1克醋酸氯己定、2~3克胰蛋白酶完全溶解后灌入到胎衣与子宫黏膜之间，1小时后在耳后皮下注射2毫升甲硫酸新斯的明注射液，都能够有效治疗该病。

（2）按摩疗法 先给病羊注射适量的催情促卵增胎药物，过30分钟后采取按摩疗法。将病羊呈站立姿势保定，术者倒骑在羊身上，并用双腿将其肋部紧紧夹住，待其出现弓腰后立即将双手放在体外腹壁两侧前端，并向骨盆腔方向逐渐合拢来进行按摩，即采取推下式按摩法。注意按摩力度从轻到重，但用力要确保病羊能忍耐、不会躲闪、没有痛感。通常按摩持续15~40分钟后，就会有完整的胎衣脱落。

（3）手术 将病羊呈站立姿势保定，术前要掏净直肠内存在的粪便，接着清洗、消毒外阴，并将适量的10%氯化钠溶液注入子宫内，促使胎儿胎盘与母体胎盘之间的联系被破坏，以确保能够顺利进行手术。术者在术前要将适量的碘酊和润滑剂涂抹在手臂上，先用左手将露在阴门外的胎衣紧紧握住，接着用右手沿着子宫黏膜和绒毛膜的间隙伸入到子宫内。如果整个胎衣都留在子宫内，就要注意用手仔细查找子宫黏膜和绒毛膜间存在的空隙，接着将胎衣抓紧，并缓慢拉到体外。之后用左手将其抓住，并将胎盘用拇指按住，按照从远到近的顺序逐个将胎儿和母体胎盘剥离下来。在剥离到子宫尖端时，难度有所增大，此时要用手快速将前下方没有脱离的胎盘抓住。需要注意的是，手术过程中禁止用力牵拉子叶，如果拉断子叶会出现内出血，如果损伤子宫就会对胎儿及母体的生命安全产生危害。剥离结束后，可将适量的0.1%高锰酸钾溶液注入子宫内，待全部溶液排出后，再注入适量的抗生素，避免发生

感染。

六、羊子宫内膜炎

母羊子宫内膜炎是指子宫内膜发生急性炎症，一般在分娩后发生。该病会导致母羊屡配不孕或者受孕后容易发生流产，利用年限缩短，饲养成本增加。

【病因】 母羊通常在分娩后容易发生子宫内膜炎，主要是由于发生难产、胎衣不下、子宫复旧不全、子宫脱出、流产及滞留死胎等，或者人工授精时没有经过严格消毒，导致机体容易感染病原微生物，从而出现发病；公羊、母羊采取自然交配也是导致母羊感染的一个途径。此外，母羊曾经感染能够侵害生殖道的传染病或者寄生虫病，如沙门菌病、布鲁氏菌病等，如果分娩后抵抗力减弱或者损伤子宫，此时就会促使原本潜在的子宫黏膜慢性炎症加重，最终变成急性炎症而出现症状。

【临床症状】

（1）急性型 母羊通常在分娩后的4～7天发病，主要表现出体温升高，精神沉郁，食欲不振或者完全废绝，反刍失调，轻度臌气，减少泌乳，努责、弓背，有大量黏性或者黏液脓性分泌物从阴门内流出，少数症状严重的会流出棕色或者暗红色的分泌物，且散发腥臭味，特别是在卧地时会流出更多，阴门周围及尾根往往会黏附大量的脓性分泌物，干燥后会结痂。如果没有及时进行治疗或者治疗不当，会转变成慢性型，且往往会继发引起子宫积液、子宫积脓，其会与周围组织发生粘连等。

（2）慢性型 慢性型通常由急性型转变而成，主要是由于使用药物进行多次治疗没有明显效果，但症状有所减轻，且不会表现出明显的全身症状，采食量略微减少，不定时从阴门内流出透明、浑浊或者脓性絮状物，发情无规律或者无法发情，屡配不孕。如果卡他性子宫内膜炎继发子宫积水，会使其长时间不孕，但由于基本上不会有黏液排出，因此较难诊断。如果没有及时进行治疗，还可能会发生子宫坏死，进而导致其他器官发生感染，表现出严重的全身症状，最终引发败血症或者脓毒性败血症，有时还会继发引起腹膜炎、乳腺炎等。

【防治措施】

（1）一般疗法 病羊要减少运动，适宜呈半卧状，能够便于引流出宫腔分泌物，并控制炎症；对下腹部进行热敷，能够止痛，且加速炎症吸收；保持排粪顺畅，缓解盆腔充血，且能够加速机体排出毒素。但对急性子宫内膜炎不能进行多次子宫冲洗，避免炎症蔓延。病羊体温升高时，适宜采取物理降温。治疗过程中，适宜饲喂高蛋白、高热量及含有多种维生素且容易消化的饲料，如果无法采食则要静脉补充水分及营养，还能够纠正酸中毒，调节电解质平衡。

（2）药物治疗 主要以改善饲养管理条件，增强机体抵抗力，并配合使用抗菌消炎药物，避免炎症扩散，并将子宫渗出物及时清出，调整子宫腔内环境。病羊按体重肌内注射3～5毫克/千克恩诺沙星注射液，每天2次，连续使用5～7天。也可按体重肌内注射2～3毫克/千克氧氟沙星注射液，每天2次，连续使用2～3天。也可按体重静脉注射或者肌内注射3～8毫克/千克氨苄西林，每天1～2次。也可在每千克饲料中添加磺胺甲噁唑配合1000万国际单位维生素E进行混饲，连续饲喂5～7天。为了刺激子宫收缩和提高子宫防御机能，促进子宫腔内的渗出物排出，病羊可每次肌内注射或者皮下注射10万～50万国际单位缩宫素注射液；也可每次静脉注射或者肌内注射0.5～1毫克马来酸麦角新碱注射液。

（3）子宫给药 给病羊消除炎症的基本方法是对子宫进行清洗，将子宫腔内渗出物清理干净，一般选择使用0.1%高锰酸钾溶液、3%过氧化氢溶液、生理盐水等。清洗时，将病羊在一横杆上保定，两后肢分开呈“八”字形，接着使用经过消毒且外壁涂抹适量润滑剂的开膣器将阴道打开，向子宫内插入金属输精针备用。如果病羊子宫内存在较少的炎性分泌物，可用注射器吸取50～100毫升0.1%高锰酸钾溶液，经由输精针慢慢注入子宫腔内，确保药液在里面停留大约10分钟，然后解开后肢放在平地上，再对腰部按压或者抬起两前肢，以排出液体；接着向子宫腔内注入100～120毫升生理盐水，停留相同时间后采取同样方法排出。子宫冲洗结束后，向子宫内注入160万单位的普鲁卡因青霉素注射液，也可选择使用其他广谱抗生素。为避免注入的药液流出子宫，注药后可在子宫颈口堵塞1个浸有适量生理盐水的棉球，在进行下次冲洗时将其取出。每天1次，连续使用3～5天就能够痊愈。如果病羊子宫内存在较多炎性分泌物，可取稀释至1%的过氧化氢溶液，每次使用100～150毫升，连续进行2次冲洗，接着使用150毫升生理盐水进行1次冲洗，完全排净冲洗液后再按体重使用0.1克/千克磺胺嘧啶钠片，注意首次用量要加倍，研成细粉后与2克云南白药混合均匀，通过塑料管将药物吹入子宫腔内，也可将两种药物溶解成溶液再注入子宫腔内，间隔1天用1次，通常连续使用3次就能够康复。

（4）预防 加强饲养管理。母羊要求饲喂品质优良的饲料，保持营养良好。及时清扫羊舍内的粪便及其他异物，以确保清洁、卫生，按照消毒制度严格进行消毒，尤其是临产母羊圈舍更要加强消毒。

七、羊妊娠毒血症

羊妊娠毒血症主要因母羊体内的碳水化合物和挥发性脂肪酸代谢不畅而引起，在母羊妊娠后 2 个月及分娩前 2 天内最易发生，患有该病的母羊体内的血液、尿液中含有酮体。

【病因】 主要是由于母羊怀孕结束时机体不能摄取足够的营养物质以满足自身体内消耗和腹中胎儿生长发育，特别是多胎的母羊，会使母羊大量消耗自身组织内的营养成分，造成母羊机体各种代谢产生障碍。此外，母羊长期低血糖可导致代偿性肾上腺增大，显著增加血浆皮质醇水平。因此，母羊经常发生严重的代谢性酸中毒和尿毒症。然而，一些母羊患病晚期由于肾上腺增大，血液中糖皮质激素的含量达到正常值的 2～3 倍，会导致高血糖现象。

【临床症状】 症状轻微时病羊精神萎靡，没有胃口，只是吃少量的草料甚至直接不吃，懒于活动。患病母羊眼结膜潮红，口干唇裂，排便正常，偶尔会排出带有黏液、稀薄柔软或干燥的黑色粪便，尿量减少，尿黄，肠音较弱，脉细，心跳加速至 60～70 次/分钟。当病羊症状严重时呼吸困难，常突然绝食，有的勉强食少量饲料，乱吃东西，无精打采，咬紧牙关，耳朵震颤，肌肉挛缩，反应迟钝，出现运动障碍，静止不动，心脏跳动速度超过 80 次/分钟，心音强烈，脉搏弱而快；排粪迟滞，通常排出干燥粪便，个别交替排出干稀粪便，往往呈褐灰色，且散发恶臭味，排出黄色尿液，且尿量减少，有时黏稠如油状。产前乳腺较小，易发生难产，有时发生流产；产后会出现缺乳，且恶露增多。发病后期，病羊腹围明显增大，腹腔存在大量微黄色腹水，经过一段时间会呈胶冻状。病羊便秘，排泄物干燥，呈棕灰色、恶臭，尿黄黏稠且油腻。

【诊断】 首先进行母羊妊娠情况的调查，看是否已经妊娠。然后，根据病羊表现出的临床症状、剖检后的器官组织病变，结合喂养和管理条件、母羊自身营养状况等做出初步诊断。确诊需要结合实验室诊断，检验患病母羊的尿液、血液、酮体、丙酮酸、血液蛋白质和血糖水平的变化情况。通常，患病母羊血液中的酮体含量可升至 7.25～8.70 毫摩尔/升或更高，出现高酮血症；血液中的蛋白质含量降至 4.65 克/升，出现低蛋白血症；血糖降低到 1.74～2.75 毫摩尔/升，出现低血糖现象。此外，患病母羊的呼气、乳液和尿液散发出刺鼻的氯仿味。

【防治措施】

（1）西药疗法 为了保护患病母羊的肝脏并提高其血糖水平，患病的母羊可以每天一次静脉注射100毫升25%葡萄糖注射液和1克维生素C，持续1周；纠正病羊酸中毒时，每天一次性静脉注射200毫升生理盐水和100毫升5%碳酸氢钠注射液，连续注射4天；为了加速患病母羊新陈代谢，可以静脉注射250毫升10%葡萄糖注射液和0.08克氢化可的松，肌内注射2毫升50克/升的维生素B_1，每天1次，持续1周。养殖人员要时常观察妊娠时期的母羊，当发现母羊食欲下降或呼吸困难、心脏衰弱时要立即采取药物对症治疗，必要时对母羊进行引产手术。

（2）中药疗法 脾胃虚弱型可取30克黄芪、30克赤芍、20克甘草、25克白豆蔻、25克干姜、25克藿香、15克枳实、25克毛叶丁草、30克蜘蛛香、30克川断、25克党参、15克一点红，研磨成粉后用水煎熬后灌喂给患病母羊；肝肾型可取20克车前子、50克地黄、30克杜仲、25克当归、30克郁金、30克胡麻、30克韭菜籽、30克枸杞，研磨成粉后用开水调服即可。

（3）预防 处于妊娠时期的母羊需要格外注意营养，尤其在将要临产前的一段时间需要补充营养。饲喂时至少供给1~2千克的新鲜绿色干草，切记不可饲喂发霉变质的饲料；减少青贮饲料的饲喂，添加新鲜胡萝卜和盐等物质，供给母羊所必需的微量元素。选择在阳光充足的天气让母羊适量运动，注意母羊在运动时的安全。定期给妊娠母羊检查尿酮、血糖等指标。确保母羊圈舍卫生干净、通风顺畅、保温保湿，及时处理粪尿，保证母羊健康产仔。

八、公羊睾丸炎

公羊睾丸炎主要是指由损伤和感染引起的各种急性和慢性睾丸炎症。

【病因】

（1）由损伤引起感染 常见损伤为打击、啃咬、蹴踢、尖锐硬物刺伤和撕裂伤等，继之由葡萄球菌、链球菌和化脓棒状杆菌等引起感染，多见于一侧睾丸。外伤引起的睾丸炎常并发睾丸周围炎。

（2）血行感染 某些全身感染如布鲁氏菌病、结核病、放线菌病、鼻疽、腺疫、沙门菌病、乙型脑炎等可通过血行感染引起睾丸炎症。另外，衣原体、支原体和某些疱疹病毒也可以经血行引起睾丸感染。在布鲁氏菌病流行地区，布鲁氏菌感染可能是引发睾丸炎最主要的原因。

(3) 炎症蔓延 睾丸附近组织或鞘膜炎症蔓延，副性腺细菌感染沿输精管道蔓延均可引起睾丸炎症。附睾和睾丸紧密相连，常同时感染和互相继发感染。

【临床症状】

(1) 急性睾丸炎 睾丸肿大、发热、疼痛；阴囊发亮，公羊站立时拱背、后肢广踏、步态强拘，拒绝爬跨；触诊可发现睾丸紧张、鞘膜腔内有积液、精索变粗，有压痛感。病情严重者体温升高、呼吸浅表、脉频、精神沉郁、食欲减少。并发化脓感染者，局部和全身症状加剧。在个别病例中，脓液可沿鞘膜管上行入腹腔，引起弥漫性化脓性腹膜炎。

(2) 慢性睾丸炎 睾丸不表现明显热痛症状，睾丸组织纤维变性、弹性消失、硬化、变小，产生精子的能力逐渐降低或消失。

【防治措施】

(1) 治疗和预后 对患有急性睾丸炎的病羊应停止使用，让其安静休息；早期（24 小时内）可冷敷，后期可温敷，加强血液循环使炎症渗出物消散；局部涂搽鱼石脂软膏、复方醋酸铅散；阴囊可用绷带吊起；全身使用抗生素药物；局部可在精索区注射盐酸普鲁卡因青霉素注射液（2% 盐酸普鲁卡因注射液 20 毫升，青霉素 80 万单位），隔天注射 1 次。

无种用价值者可去势。单侧睾丸感染而欲保留作为种用者，可考虑尽早将患侧睾丸摘除；已形成脓肿但摘除有困难者，可从阴囊底部切开排脓。

由传染病引起的睾丸炎，应首先考虑治疗原发病。

(2) 预防

1）加强饲养管理。建立合理的饲养管理制度，使公羊营养适当，不要交配过度，尤其要保证足够的运动。

2）严格检疫。对布鲁氏菌病定期检疫，并采取检疫规定的相应措施。

九、母羊阴道脱

母羊阴道脱是指整个或者部分阴道外翻到阴户外面，导致阴道黏膜发生充血、炎症反应，甚至存在溃疡或者发生坏死，是母羊比较容易发生的一种产科疾病。

【病因】 母羊生产前后都可能发生该病，特别是产后更易发生，该病病因主要有以下几方面：营养及年龄因素，即妊娠母羊饲养管理水平低下或者年老、体弱，由于体质较差，会造成阴道周围组织及韧带过于弛缓，从而容易发生该病。妊娠母羊后期由于腹压过大而引起发病，这种情况通常见于临产前。另外，妊娠母羊在分娩过程中也比较容易发生阴道脱，主要是由于分娩或者出现胎衣不下时用力努责，从而引起发病。此外，母羊发生难产而采取人工助产时，由于操作不当，如胎儿强行被拉出，导致阴道不能够恢复原位，也会引起发病。

【临床症状】

（1）部分阴道脱 常见于妊娠后期，发病母羊饮水、采食基本正常，只是在阴门之间存在1个粉红色瘤状物。病程初期在病羊卧地时，脱出部分会黏附其他污染物，如土渣、粪渣等，但在其站立或者行走时脱出部分能够自行缩回；病程后期不容易缩回，且阴道黏膜往往会变得干燥、发生红肿，并伴有努责现象。

（2）全部阴道脱 通常是由部分阴道脱发展而成，或者由于母羊持续努责而导致。发病时，病羊可见圆形、拳头大小的紫红色阴道脱出，部分可见子宫颈口外悬挂灰白色的条状黏液，且努责明显加重，排尿困难，体温升高，呼吸急促，心跳加快，脉搏增快。全部阴道脱通常无法自行缩回，长时间之后就会存在瘀血、发炎、水肿，表面干裂、糜烂，甚至发生坏死。另外，某些母羊只要到妊娠末期就会发病，叫作习惯性阴道脱。

【防治措施】

（1）对症治疗 母羊患有部分阴道脱时，当脱出部分较小时无须治疗，主要是避免脱出进一步加重或者发生损伤。对于症状较重的病羊，可在阴道周围使用0.1%新洁尔灭或者高锰酸钾溶液进行清洗，并在阴道脱出部分涂抹适量的碘甘油溶液或者金霉素。然后将脱出的阴道用消毒纱布捧住，从脱出基部缓慢推送到骨盆腔内，在基本送完时，可用拳头将其顶进阴道，接着对阴道使用阴门固定器进行压迫，直到固定牢靠。母羊发生全部阴道脱时，应先进行尾部硬膜外麻醉，避免发生应激，可选择使用2%利多卡因进行局部麻醉，能持续几个小时；如果需要长时间进行麻醉和止痛（即超过36小时），则选择使用赛拉嗪和利多卡因。复位前，要先使用温热的浓盐水或者低浓度消毒剂仔细清洗脱垂的阴道黏膜，操作要尽可能轻柔，避免肿胀的外阴发生伤裂。清洗干净后，术者一只手的四指并拢将脱出的中间部位顶住，同时用另一只手沿着周围向内推压，使其逐渐复位。复位后，可伸入两指进行适当捋顺。如果病羊膀胱明显扩张，还要对其进行轻柔按压，使其完全排空，如有需要可经由皮下插入注射针头来排空尿液。

阴道复位，必须进行固定，避免再次发生脱垂。固定可采取多种方法，如将一根棉线缠绕系在外阴部，缝缀或者使用疝带及其他固位体装置使其固定，要注意选择使用能够防止脱垂且危害性最小的方法。一般来说，早期阶段的患病母羊还没有出现应激时，适宜使用由压捆合股线组成的带状疝带进行固定，疝带需要每天进行检查，并适当调整，保证疝带没有发生移位或者擦伤、割伤组织。为避免再次发生阴道脱，大多数兽医采取在进行硬膜外麻醉后缝合阴唇，一般常选择进行横褥式减张缝合，或者在阴户周围皮下采取荷包缝合。需要注意的是，缝线要进入会阴部皮下，但不能只缝合黏膜，不然会继发感染细菌而使机体在排尿时产生灼烫感。

（2）术后护理 病羊术后要改善饲养管理，保持术部清洁，饲喂富含营养、质地柔软且容易消化的草料。进行适量运动，促使全身组织紧张性增强，防止长时间卧地，适宜将其拴系在前低后高的坡地上，以减轻后躯负担，促进恢复。

（3）辅助治疗 发病初期，病羊可内服补中益气散，即取60克陈皮、40克柴胡、45克党参、40克当归、40克白术、60克炙黄芪、60克升麻、45克炙甘草，加水煎煮后取药液服用；同时在阴门外使用防风汤，即取10克防风、10克五倍子、10克艾叶、10克蛇床子、10克川椒、10克荆芥、10克白矾，加水煎煮后进行温洗。

（4）加强饲养管理 母羊采取舍饲时，应确保饲料品质优良，合理搭配饲草料，含有充足的矿物质，保持机体状态良好，并坚持适量运动，促使子宫肌肉的张力增强，能够有效避免发生阴道脱或者子宫脱。

第三节　羊场生物安全控制常见误区

一、羊场卫生消毒方面存在的误区

（1）误区 羊场的卫生管理是羊饲养管理非常重要的环节，如果卫生管理不善，必然增加疾病的发生机会。常见的卫生管理误区包括隔离条件不良、消毒措施不力、羊场和羊舍内空气污浊及粪尿、污水横流等，由此而导致疾病发生的实例也屡见不鲜。除此之外，羊场消毒方面常出现消毒前不清理污物，消毒效果差；消毒不严格，留有死角；消毒液选择和使用不科学，忽视日常消毒工作，以及只重视舍内清理和消毒，忽视舍外清理消毒等消毒不彻底的现象。

（2）解决办法 羊场建立严格规范的卫生管理制度。及时对羊舍及周围饲养环境，病羊的排泄物或被污染的饲料、饮水进行清理和消毒；及时灭蚊灭鼠，切断病原微生物在羊群之间的传播。详细的消毒措施详见本章第一节内容。

二、羊场病死羊无害化处理存在的问题

（1）误区 养殖场病死动物的无害化处理，一直是社会民众普遍关心的热点话题。病死动物尸体是重要的疾病传染源，如果不能得到妥善处理，不仅会影响禽畜养殖产业的健康可持续发展，同时还会威胁周边民众的身体健康。目前，羊场病死羊无害化处理主要存在以下几方面的问题：

1）病死羊随意丢弃。目前基层单位对病死羊的处理，尤其在广大的农牧地区，由于防疫意识不强，还存在将病死羊尸体抛至野外，或者就近随意掩埋的现象；更有甚者，一些病死羊会暗地里流入市场，给公共卫生安全带来危害，同时为动物疫病的传播感染埋下隐患。

2）病死羊处理不规范。在处理养殖场病死羊的尸体方法上，主要采取的是挖坑深埋。但在挖坑深埋过程中，没有对病死羊进行消毒就直接掩埋，或掩埋较浅，或在掩埋后没有对掩埋区及其周围环境进行消毒等，不符合无害化处理规范的情况。

3）无害化处理成本大。在畜牧产业不断发展的情况下，国家也针对其中出现的问题出台了相关政策规定。规定养殖场的病死动物必须严格按照消毒标准完成消毒过程，且掩埋时要在指定地点，进行深度掩埋。若动物长期患病，且疫病传染迅速，需要对其进行捕杀。目前，只有疫情较为严重的养殖场，国家才会给予财政补贴，但补贴力度不大。动物病死本就给养殖户造成了损失，加上无害化处理成本较高，使养殖户失去了主动性。

（2）解决办法

1）根据相关法律法规的要求规范病死动物的无害化处理，如《中华人民共和国动物防疫法》《动物防疫条件审查办法》《畜禽规模养殖污染防治条例》等。

2）处理方法。病死羊无害化处理的方法有很多，比如深埋、焚烧、发酵等措施，具体方法的应用需要根据实际情况而定，一定要按照各种处理方法的相关规程严格进行，先消毒，然后处理，处理完病死羊后再

行消毒。决不能随意丢弃病死羊，甚至暗地里卖入市场。如果羊场周边或者所在地有专业病死畜禽无害化处理厂，可以将病死羊送入处理厂集中销毁处理。

三、认为养羊可以不进行免疫

（1）误区 羊对疫病的反应不像其他家畜那样敏感，在发病初期或遇小病时，往往不易表现出来。因此，一部分养殖户认为羊不易生病，用不着预防接种，殊不知传染病对养羊业的危害非常大。由于部分养殖户不进行免疫注射，使一些地方传染病呈散发或地方性流行，羊死亡率高，经济效益低下。

（2）解决办法 应根据当地历年发生传染病的情况，选用相应的疫苗，在适宜季节进行接种。羊常见疫苗及使用方法见表8-1，各地养殖场可以根据自身实际情况制定详细的免疫程序，遵照执行。

四、忽视疫苗保存、运输、使用方法而导致免疫失败

（1）误区 养殖户在给羊进行免疫时，只注重过程，没有注意细节，比如忽视疫苗运输、保存所需要的温度条件，疫苗稀释倍数，疫苗注射剂量，疫苗注射方法等而导致免疫失败，严重影响羊的健康。

（2）解决办法

1）根据不同疫苗特性，科学运输、保存疫苗。疫苗要冷链运输，并保存在冷藏设备内。油佐剂灭活疫苗和氢氧化铝乳胶疫苗可以常温保存或在2～4℃冰箱内低温保存，不能冷冻；冻干弱毒疫苗应当按照厂家的要求储藏在－20℃。常温保存会使活疫苗很快失效。反复冻融会显著降低弱毒活疫苗的活性。

2）重视疫苗稀释液的使用。有些疫苗生产厂家会随疫苗带来特制的专用稀释液，不可随意更换。疫苗临用前必须认真检查其质量、容器及其瓶塞的完好性。瓶塞松动脱落，瓶壁有裂纹，稀释液浑浊、沉淀或内有絮状物漂浮者，禁止使用。

3）疫苗使用剂量的合理控制。疫苗接种后在体内有个反应过程，接种到羊体内的疫苗必须含有足量的有活力的抗原，才能激发机体产生相应抗体，获得免疫效果。若免疫的剂量不足，将导致免疫力低下或诱导免疫力耐受；而免疫的剂量过大也会产生强烈应激，使免疫应答减弱甚至出现免疫麻痹现象。

4）疫苗接种方法不当。免疫接种有肌内注射、饮水、皮下注射等多种方法。一些养殖户在接种时会出现选对了接种方法，但操作不严谨或不熟练，导致免疫失败的现象。比如，肌内注射时容易出现“飞针”，疫苗没有注射进体内或经针孔流出，这样既造成环境污染，又不能使羊产生免疫力。采用饮水免疫前要让羊停止饮水 3 小时以上，并且不能用金属器具，还要避免太阳光的照射。

5）接种操作有污染。接种用的注射器械（注射器、针头）需要高压或蒸煮灭菌，也可用一次性注射器。而且在灭菌后限 7 天内使用，超过 7 天需重新灭菌。禁止使用化学消毒剂消毒免疫器械。在使用一次性注射器免疫接种前，要认真检查包装上的有效期，检查是否已过期。此外，免疫接种的技术人员要在接种前消毒双手，还需穿防护服，戴橡胶手套、帽子、口罩等。

6）免疫程序不合理。由于免疫程序制定的不合理，导致在同一时间或间隔很短的时间同时接种 2 种以上的疫苗，疫苗间产生干扰，最终造成免疫失败。

五、用药时盲目加大药量

（1）误区 在生产中，仍有为数不少的养殖户以为用药量越大，效果越好，所以在使用抗菌药物时盲目加大剂量。虽然使用大剂量的药物，有些可能当时会起到一定的效果，但却留下了不可忽视的隐患。一是造成羊的直接中毒死亡或慢性药物蓄积中毒，损坏肝、肾功能。肝、肾功能受损，羊自身解毒能力下降，给下一步治疗、预防疾病时的用药带来困难。二是大剂量的用药可能杀灭肠道内的有益菌，破坏了肠道内正常菌群的平衡，造成羊代谢紊乱、肠功能性水泻增多，生长受阻。三是细菌极易产生抗药性。临床上经常可见有些用了时间并不很长的药物，如环丙沙星、氟哌酸（诺氟沙星）等已产生了一定的耐药性，按常规药量使用这些药物疗效很差，究其原因与大剂量使用该药造成细菌对药物耐受性增强、耐药株产生有关。四是加大了养殖业的用药成本，一般药物按常规剂量使用即能达到治疗和预防的目的，如果盲目加大剂量，则人为地造成用药成本的增加。

（2）解决办法 注意剂量、给药次数和疗程。为了达到预期的治疗效果，减少不良反应，用药剂量要准确，并按规定时间和次数给药。少数药物一次给药即可达到治疗目的，如驱虫药。但对多数药物来说，必须重复给药才能奏效。为维持药物在体内的有效浓度，获得疗效，而同时又不致出现毒性反应，就要注意给药次数和间隔时间。大多数药物1天给药2~3次，连续用药5~6天。

六、用药疗程不科学

（1）误区 临床上经常可见到这样的现象，一种药物才用2天，自以为效果不理想，又立即改换成另一种药物，用了不到2天又更换了。这样做往往达不到应有的药物疗效，反而使疾病难以控制。还有一种情况是，使用某种药物2天，产生较好的效果，就不再继续投药，从而造成疾病复发，治疗失败。

（2）解决办法 一般抗菌药物用药疗程为3~6天，在整个疗程中必须连续给予足够的剂量，以保证药物在体内的有效浓度，还应选用最佳给药方法。同一种药，同一剂量，产生的药效也不尽相同，因此，在用药时必须根据病情的轻重缓急、用药目的及药物本身的性质来确定最佳给药方法。如危重病例采用注射给药；治疗肠道感染或驱虫时，宜口服给药。

七、药物配伍不当

（1）误区 药物配伍，能起到药物间的协同作用，但如果无配伍禁忌知识，盲目配伍，则会产生不同程度的危害，轻者造成用药无效，重者造成中毒死亡。如有的养殖户将青霉素和磺胺类药物、四环素类药物合用，盐霉素和延胡索酸泰妙菌素合用等，出现严重错误的用药配伍。这是因为：

① 青霉素是细菌繁殖期杀菌剂，而磺胺类、四环素类药物为抑菌剂，能抑制细菌蛋白质的合成，使细菌处于静止状态，造成青霉素的杀菌作用大大下降。

② 盐霉素和延胡索酸泰妙菌素合用，大大增加盐霉素的毒性，可发生中毒。

（2）解决办法 两种以上药物同时使用时，可以互不影响，但在许多情况下两种药合用总有一种药或两种药的作用受到影响，其结果可能有：一是协同作用（比预期的作用更强），二是拮抗作用（减弱一种药或两种药的作用），三是毒性反应（产生意外的毒性）。药物的相互作用，可发生在药物吸收前、体内转运过程、生化转化过程及排泄过程中。在联合用药时，应尽量利用协同作用以提高疗效，避免出现拮抗作用或产生毒性反应。

八、重治疗，轻预防

（1）误区 许多养殖户预防用药意识差，多在羊发病时才使用药物治疗，从根本上违背了“防重于治”的原则。这样带来的后果是，疾病多到了中、后期才得到治疗，严重影响了治疗效果且增大了用药成本，经济效益也大幅下降。

（2）解决办法 要清楚地了解本地常发病、多发病，制定出明确的早期预防用药程序，做到提前预防，防患于未然，减少不必要的经济损失。

九、缺少用药“安全”意识

（1）误区 随着人民生活水平的提高，食品安全越来越受到广大人民群众的关注。但是部分养殖者食品安全意识淡薄，有的甚至根本没有这方面的概念，不遵守《兽药管理条例》，使用违规违禁药物，使用国家明令禁止在畜禽养殖中使用的硝基呋喃类、硝基咪唑类等药物，也有的养殖户认为人用药品比兽药制作精良，效果更好，使用人用药物及不严格执行休药期制度。

（2）解决办法 树立用药安全意识，注意掌握用药知识，按照兽药使用规范用药，不使用违禁药物等。坚决杜绝在食品动物中使用违禁药物和人用药物。不同药物有不同的休药期，必须严格执行。

十、羊病治疗中常见的错误

1. 解毒法治疗羊快疫等有痉挛症状的急性疫病

（1）误区 羊快疫等疫病有痉挛抽搐、口吐白沫等痉挛症状，极似中毒，遇上这类病就认为是中毒，并以解毒法治疗，如用碘解磷定注射液、硫酸阿托品注射液解毒。其实这类病羊除极个别的为中毒外，绝大多数是患了羊快疫、脑炎等急性传染病。

（2）解决办法 对该类疫病应采取镇静、解痉、抗菌法治疗，如注射氯丙嗪、硫酸镁、磺胺对甲氧嘧啶等。

2. 内服土霉素等抗生素治疗痢疾等炎症性疾病

（1）问题 羊发生痢疾等胃肠道感染及其他炎症性疾病时，常用内服土霉素等抗生素来治疗。其实这是错误的。因为内服土霉素等抗生素可杀死羊瘤胃内的有益微生物，导致瘤胃内菌群失调，消化功能紊乱，尤其是土霉素会严重影响成年羊瘤胃内微生物的繁殖。

（2）解决办法 羊禁止内服土霉素等抗生素类药物，需要用抗生素

时应肌内注射。

3. 药浴治疗羊疥癣但未消毒羊舍

（1）误区 在用药浴法治疗羊疥癣时，只注意杀灭羊体的疥癣虫，而不杀灭羊舍内的疥癣虫。这样羊体的寄生虫虽然被杀死了，但羊圈内的寄生虫又会感染羊体，导致羊发病。

（2）解决办法 在羊药浴时，羊舍和羊圈的地面、墙壁、栅栏、门框、饲槽等也要用药液全面喷洒消毒 1 次，以杀死残留的虫体。

4. 用抗生素治疗消化不良性腹泻

（1）误区 消化不良性腹泻是羊常见的腹泻病，尤其是羔羊非常多见，这是由消化功能紊乱引起的，并非细菌感染所致。可有的养殖户仅用抗生素来治疗，这显然是错误的。

（2）解决办法 对于这种腹泻应该用健胃助消化的药物来治疗，如内服大黄碳酸氢钠片、胃蛋白酶等。对久病的羊，为防止继发感染，可适当配合少量抗生素。

5. 用青霉素治疗胃肠道感染

（1）误区 青霉素是良好的抗菌消炎剂，所以有的养殖户常用青霉素来治疗胃肠道炎症性感染，如痢疾、胃肠炎等，其实青霉素对胃肠道感染无治疗作用。

（2）解决办法 胃肠道感染应该用环丙沙星、恩诺沙星、庆大霉素等广谱抗生素治疗。

参考文献

[1] 权凯，李君．肉羊良种利用与繁殖技术一本通［M］．北京：中国科学技术出版社，2018.

[2] 熊家军，肖锋．高效养羊（视频升级版）［M］．北京：机械工业出版社，2018.

[3] 朱新书．规模化养羊与疫病防控技术［M］．兰州：甘肃科学技术出版社，2016.

[4] 熊家军，杨菲菲．种草养羊［M］．北京：机械工业出版社，2016.

[5] 赵有璋．羊生产学［M］．3 版．北京：中国农业出版社，2011.

[6] 石国庆．绵羊繁殖与育种新技术［M］．北京：金盾出版社，2010.

[7] 姜勋平，熊家军，张庆德．羊高效养殖关键技术精解［M］．北京：化学工业出版社，2010.

[8] 田梅，夏风竹．高效养羊技术［M］．石家庄：河北科学技术出版社，2014.

[9] 周光明．养羊关键技术［M］．成都：四川科学技术出版社，2003.

[10] 张居农．高效养羊综合配套新技术［M］．北京：中国农业出版社，2003.

[11] 周顺成．新生羔羊窒息的急救处理［J］．畜牧兽医杂志，2012（6）：118-120.